AutoCAD 2016
园林设计经典课堂

刘 鹏 王 平 编著

清华大学出版社
北京

内 容 提 要

本书以AutoCAD 2016为写作平台，以"理论+应用"为创作导向，用简洁的形式、通俗的语言对AutoCAD软件的应用，以及一系列典型的实例进行了全面讲解。

全书共12章，分别对AutoCAD绘图知识、园林建筑小品图形的绘制、景观园林规划设计施工图的绘制进行了全面阐述，达到授人以渔的目的。其中，主要知识点涵盖了景观园林设计基础知识、AutoCAD入门知识、二维图形的绘制和编辑、辅助绘图知识、图块的应用、文字和表格的应用、尺寸标注的应用以及图形的输出与打印等内容。

本书结构清晰，思路明确，内容丰富，语言简练，解说详略得当，既有鲜明的基础性，也有很强的实用性。

本书既可作为大中专院校及高等院校相关专业学生的学习用书，又可作为景观园林设计从业人员的参考用书，也可作为社会各类AutoCAD培训班的首选教材。

图书在版编目(CIP)数据

AutoCAD 2016园林设计经典课堂 / 刘鹏，王平编著. —北京：清华大学出版社，2018

ISBN 978-7-302-49466-9

Ⅰ.①A… Ⅱ.①刘… ②王… Ⅲ.①园林设计—计算机辅助设计—AutoCAD软件—教材 Ⅳ.①TU986.2-39

中国版本图书馆CIP数据核字（2018）第020916号

责任编辑：陈冬梅
封面设计：杨玉兰
责任校对：张彦彬
责任印制：杨　艳

出版发行：清华大学出版社

　　　　　网　　　址：http://www.tup.com.cn，http://www.wqbook.com
　　　　　地　　　址：北京清华大学学研大厦A座　　　　邮　　编：100084
　　　　　社　总　机：010-62770175　　　　　　　　　　邮　　购：010-62786544
　　　　　投稿与读者服务：010-62776969，c-service@tup.tsinghua.edu.cn
　　　　　质量反馈：010-62772015，zhiliang@tup.tsinghua.edu.cn

印　装　者：三河市金元印装有限公司

经　　销：全国新华书店

开　　本：200mm×260mm　　　印　　张：16　　　字　　数：386千字

版　　次：2018年4月第1版　　　印　　次：2018年4月第1次印刷

印　　数：1~3000

定　　价：49.00元

产品编号：077187-01

为什么要学习 AutoCAD

设计图是设计师的语言，作为一名优秀的设计师，除了有丰富的设计经验外，还必须掌握几门绘图技术。早期设计师们都采用手工制图，由于设计图纸随着设计方案的变化而变化，这使得设计师们需反复地修改图纸，这个工作量可想而知是多么繁重。随着时代的进步，计算机绘图取代了手工绘图，并普遍应用到各个专业领域，其中 AutoCAD 软件应用最为广泛。从建筑到机械；从水利到市政，从服装到电气，从室内设计到园林景观，可以说凡是涉及机械制造或建筑施工行业，都能见到 AutoCAD 软件的身影。目前，AutoCAD 软件已成为各专业设计师必备技能之一，想成为一名出色的设计师，学习 AutoCAD 是必经之路。

AutoCAD 软件介绍

Autodesk 公司自 1982 年推出 AutoCAD 软件以来，先后经历了十多次的版本升级，目前主流版本为 AutoCAD 2016。新版本的界面根据用户需求做了更多的优化，旨在使用户更快地完成常规 CAD 任务、更轻松地找到更多常用命令。从功能上看，除了保留空间管理、图层管理、图形管理、选项板的使用、模块的使用、外部参照文件的使用等优点外，还增加很多更为人性化的设计，例如新增捕捉几何中心、调整尺寸标注宽度、智能标注功能以及云线功能。

系列图书内容设置

本系列图书以 AutoCAD 2016 为写作平台，以"理论知识＋实际应用＋案例展示"为创作思路，向读者全面阐述了 AutoCAD 在设计领域中的强大功能。在讲解过程中，结合各领域的实际应用，对相关的行业知识进行了深度剖析，以辅助读者完成各种类型的设计工作。正所谓"授人以渔"，读者不仅可以掌握这款绘图设计软件，还能利用它独立完成作品的创作。本系列图书包含以下图书作品。

⇒《AutoCAD 2016 中文版经典课堂》
⇒《AutoCAD 2016 室内设计经典课堂》
⇒《AutoCAD 2016 家具设计经典课堂》
⇒《AutoCAD 2016 园林设计经典课堂》
⇒《AutoCAD 2016 建筑设计经典课堂》
⇒《AutoCAD 2016 电气设计经典课堂》
⇒《AutoCAD 2016 机械设计经典课堂》

配套资源获取方式

目前市场上很多计算机图书中配带的 DVD 光盘，容易破损或无法正常读取。鉴于此，本系列图书的资源可以通过以下方式获取。

需要获取本书配套实例、教学视频的老师可以发送邮件到：619831182@QQ.com 或添加微信公众号 DSSF007 回复"经典课堂"，制作者会在第一时间将其发至您的邮箱。

适用读者群体

本系列图书主要面向广大的大中专院校及高等院校相关设计专业的学生，室内、建筑、园林景观、机械以及电气设计的从业人员；除此之外，还可以作为社会各类 AutoCAD 培训班的学习教材，同时也是 AutoCAD 自学者的良师益友。

作者团队

本书由刘鹏、王平编写，本系列图书由高校教师、工作一线的设计人员以及富有多年出版经验的老师共同编著。其中，王晓婷、汪仁斌、郝建华、刘宝锺、杨桦、李雪、徐慧玲、崔雅博、彭超、伏银恋、任海香、李瑞峰、杨继光、周杰、刘松云、吴蓓蕾、王赞赞、李霞丽、周婷婷、张静、张晨晨、张素花、赵盼盼、许亚平、刘佳玲、王浩、王博文等均参与了具体章节的编写工作，在此对他们的付出表示真诚的感谢。

致　谢

为了令本系列图书尽可能满足读者的需要，许多人付出了辛勤的劳动。在此，向参与本书出版工作的"ACAA 教育集团"和"Autodesk 中国教育管理中心"的领导及老师、出版社的策划编辑等人员，致以诚挚谢意。同时感谢清华大学出版社的所有编审人员为本系列图书的出版付出的辛勤劳动。本系列图书在编写过程中力求严谨细致，但由于水平有限，书中仍难免出现疏漏和不妥之处，希望各位读者朋友们多多包涵，并批评指正，万分感谢！读者朋友在阅读本系列图书时，如遇到与本书有关的技术问题，则可以通过微信号 dssf2016 进行咨询，或者在获取资源的公众平台中留言，我们将在第一时间与您互动解答。

编　者

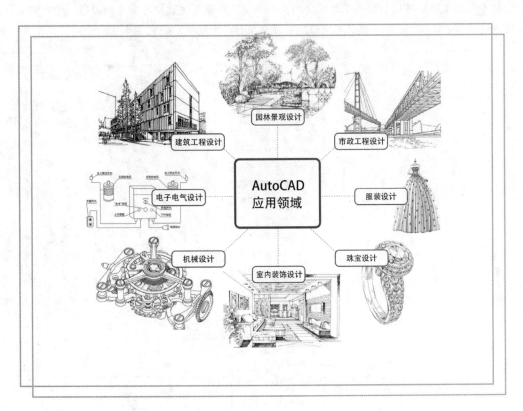

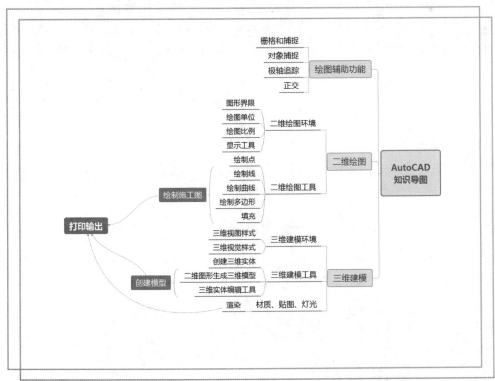

园林景观施工图是将规划设计变为现实的重要步骤，在施工过程中具有可操作性。它是完美体现设计者设计概念的工具，是施工进行的凭证，也是实现想法到现实中的完美体现。

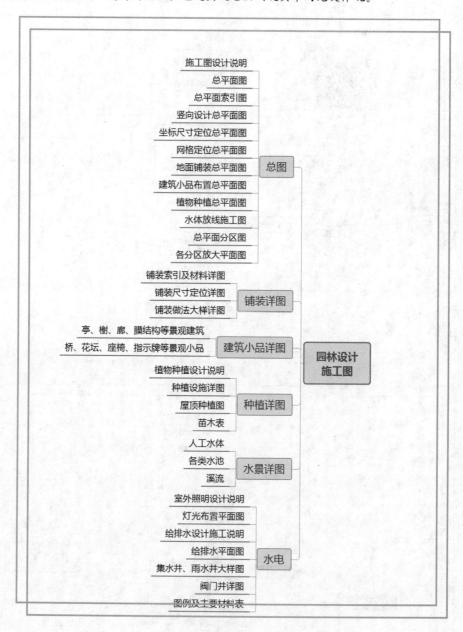

第 5 章　AutoCAD 辅助绘图知识

第 6 章　图块、外部参照及设计中心

第 7 章　文字、尺寸标注与表格

第 8 章 输出、打印与发布图形

第 9 章 绘制园林建筑小品

第 10 章 绘制校园广场绿化设计平面图

第1章

园林景观设计基础

园林设计是一门研究如何应用艺术和技术手段处理自然、建筑和人类活动之间的复杂关系，使其达到和谐完美、生态良好、景色如画的一门学科。AutoCAD 技术的应用，为园林设计者提供了很多方便，节省了大量的时间。本章将向读者介绍园林景观设计的发展以及园林施工图的绘制等相关知识。通过对本章内容的学习，读者可以掌握绘图基础知识和应用技巧。

知识要点

▲ 园林设计概述　　　　　　　　　　　▲ 园林工程建设施工图的绘制

▲ 园林设计制图规范

1.1 园林设计概述

园林景观设计是根据生态学与美学原理，对局地的景观结构和形态进行布局与配置的过程。在设计过程中，通过对周围环境要素的考虑和规划，让建筑与自然环境产生遥相呼应的关系，达到整体和谐的效果，提高其整体的艺术价值。最终目的是要创造出风景优美、环境舒适、健康文明的游憩境域。

1.1.1 中国园林设计的当前状况

随着国民经济的发展，居民生活水平日益提高，国际文化大融合，园林景观与人们的生活也日益密切，这就要求园林设计要真正做到以人为本。在此基础上可以遵循中国传统园林设计中的一系列设计手法，还可以借鉴西方建筑方面的构图方法和表现手段，如此才能更好地提高人民的生活水平，美化城市环境。

在园林设计中，有的设计初看确有可取之处，但实施起来又有困难，出现问题后设计者也难以解释清楚，最后只好改变设计方案或重新设计。这是由于设计人员不顾客观实际，盲目求新，不考虑单位的承受能力，也不论布置是否真正合理，只要设计出来了就万事大吉，这是责任心不强的表现。对设计方案不进行科学的论证，就难以达到良好的设计效果，还不能保证设计的

完整性，从而达不到理想的要求，最后造成不必要的损失。可见为园林设计项目提供科学依据是极其重要的。

随着我国经济不断发展，城市化进程加快，城市建设出现大规模的兴起，促使城市面积激增，导致城市发展与生态平衡之间的矛盾逐渐加剧，另外建设工程过于急功近利，缺乏相关监管机制，最终对生态系统造成较大的破坏。近年来，通过引进西方园林景观的设计理念，导致主观的对原生态环境进行改造，从而使景观原有的个性及生态系统的环境造成破坏。如景观大理石的大量运用，已对自然生态的平衡造成影响。

1.1.2　中国园林景观设计的发展方向

城市现代化不断发展，对园林景观设计也逐渐提出新的要求。以生态学和环境学为依据，不断形成现代化城市的园林设计理念，树立"多样性的自然生态环境"的基本理念；建设生态园林，不断加深对生态园林概念的理解；让园林景观的设计满足人与自然和谐相处的乐趣；从园林景观的造诣出发，提高人类的自然意识，提高人们对保护环境的重要认识，形成新的园林设计理念。

1. 因地制宜，统筹建设

城市建设的附属区域则是城市园林景观，城市园林景观的目的是为了满足人们的生活，对人们的心灵进行净化，美化城市生活环境，促使社会经济逐渐向平衡健康向上的方向发展。运用因地制宜的方法对城市景观进行关注，并对其设计原址的地质地貌、民族风格及植被水利等进行充分了解，这样有利于创造和谐自然相融合的具有整体性的城市园林景观。

因此设计城市园林景观，应该因地制宜，站在统筹安排和规划的角度，掌握宏观的蓝图，重视细节设计和创意，在城市园林景观设计中，将传统与创新在其中得到融合。

2. 创新型城市园林景观设计

城市园林景观的设计和施工建设应该随着当前科技与时代的不断进步而发展，积极地解放思想，丰富艺术手法，勇于创新，打破传统思维模式，融入当前时代特色。比如，喷泉水景、书法镌刻或者雕塑等各种艺术，应用并借鉴于自己的设计里面，合理地规划与安排将会得到意想不到的效果；在气势磅礴的城市园林景观中，运用大色块的植物景观进行铺陈，能够扩大艺术的尺度，丰富艺术的联想空间，形成城市园林景观的自然生态社会和谐的艺术化特色。

3. 坚持可持续性与生态原则

除了城市建设，还应适当与自然相结合，构建全新的生态理念，通过自然及生态的美观，促使城市园林景观建设得到发展。其次，还应与生态原则相结合，不仅能够节约土地和水资源，还能有效地对地下水进行补充，以便于新能源的运用，对城市的自然生态系统的恢复及保护具有十分重要的作用，并能够对自然生态系统的完整性及多样性进行完善。

园林景观设计师通常会通过对自然进行理顺的方式，根据原有的城市园林景观规划设计，将乡土材料或本土植物与园林景观相融合，对存在的自然水进行有效利用，尽可能地减小人工水的使用，对集体的完整性进行维护，促使整个生态环境的可持续发展，避免人为破坏的现象出现。城市景观设计不仅对表面形式进行探索，最为重要的是对自然生态系统的配合效果，促使生态价值观与生态美学形式、功能及思想内涵的高层次发展。

4. 积极发掘景观环境中的民族文化资源

我国园林景观历史文化源远流长，随着经济社会的发展，国际文化不断融合。因此，园林景观规划设计必须要融合多元化的精神，并应考虑整个城市和谐发展，创造充满活力的城市公共系统，展现未来城市发展规划的创新理念。此外，园林景观设计要求与城市、工业、商业的融合，也要体现与公共交通、居住区的融合，坚守民族文化精神，弘扬地方和民族特色，这就需要设计者在规划设计过程中积极研究历史化、民族化、乡土化、个性化等问题。

1.1.3 园林景观设计基本原则

当前，人们对住区园林景观环境的期望愈来愈高，但由于人们在社会背景、文化教育程度、个人阅历与偏好等方面存在差异，从而对于居住区园林景观模式的要求亦千差万别。

1. 尊重地域文化的原则

住区环境作为城市整体环境中的一部分，无论是人工环境建设，还是自然环境的开发，都必然要与城市整体环境发生多方面的联系。居住区园林景观环境设计要考虑所在城市的历史文脉，注意民族传统和地方风格的传承，体现传统中长期积淀而成的空间智慧。在尊重地域文化的同时，住区园林景观设计也应具有时代精神和风格。

2. 满足行为心理与艺术审美需求的原则

居民在园林景观环境中的活动是具体的行为，对居民行为心理的调节与控制可以通过园林景观空间的封闭与开敞、连续与序列、对比与尺度等手法来完成。中国传统园林造园手法中的"步移景异"，是控制性地将景物一点一点地展现出来，景物随着人的移动时隐时现，使空间在变化中产生丰富的情趣。

3. 回归自然的原则

人们向往自然，渴望住在天然绿色环境中。室内自然装饰设计就是以设计的手法将带有大自然气息的花草树木引进室内，使之成为与大自然风景无异的自然美景，从而美化城镇人的居住环境。设计师要不断在"回归自然"上下功夫，力求创造出新的景观效果，运用抽象的设计手法来使人们联想自然。

4. 重视园林景观的生态可持续发展原则

园林绿地作为住区中唯一有自净能力的组成部分和城市人工生态平衡系统中的重要一环，是住区建设过程中对自然所造成破坏的一种恢复和补偿，其对进一步发挥住区中自然生态系统的功能具有重要意义。要创造更富生机、生态兼容的居住环境，形成生态思维、遵循生态原理的设计方法是必然的要求，也是现代园林设计区别于传统的一个重要方面。

随着科学技术的发展和社会进程步伐的加快，在人们越来越追求生活质量的同时，设计师更是要忠于环境和生态的一脉相承，在做到几者的相互协调、相互运用中使用新手法、新理论，为人们创造出一幅诗情画意的新家园。

1.2 园林设计制图规范

园林制图是表达园林设计意图最直接的方法，是每个园林设计师都必须掌握的技能。园林 AutoCAD 制图是风景园林设计的基本语言，在园林图纸中，对制图的基本内容都有规定。这些内容包括图纸幅面、比例、标题栏及会签栏、线宽及线型、图线等。

1. 图纸幅面

园林制图采用国际通用的 A 系列幅面规格的图纸。图纸图幅采用 A0、A1、A2、A3、A4 五种标准，以 A1 图纸为主。如表 1-1 所示为图纸尺寸规格。

表 1-1　图纸尺寸规格

尺寸代号	幅面代号				
	A0	A1	A2	A3	A4
b × 1	841mm × 1189mm	594mm × 841mm	420mm × 594mm	297mm × 420mm	210mm × 297mm
c	10			5	
a	25				

当图的长度超过图幅长度或内容较多时，图纸需要加长。图纸的加长量为原图纸长边 1/8 的倍数。仅 A0~A3 号图纸可加长，且必须沿边长加长。图纸长边加长后的尺寸如表 1-2 所示。

表 1-2　图纸长边加长尺寸

幅面代号	长边尺寸	长边加长后尺寸
A0	1189	1338　1487　1635　1784　1932　2081　2230　2387
A1	841	1051　1261　1472　1682　1892　2102
A2	594	743　892　1041　1189　1338　1487　1635　1784
A3	420	631　841　1051　1261　1472　1682　1892

2. 比例

图样的比例是指图形与实物相对应的线形尺寸之比，比例的符号为 "："，比例应以阿拉伯数字表示，如 1:1、1:100 等。绘图所用的比例，应根据图样的用途与被绘制对象的复杂程度，从表 1-3 中选用，并优先选用表中常用比例。

表 1-3　绘图所用的比例

	常用比例	可用比例
总图	1:300　1:400　1:500　1:600	1:750　1:1000　1:2000
园林详图	1:100　1:200　1:300	1:150　1:250
铺装大样图	1:50　1:100	1:75
小品平立面图	1:30　1:50　1:20　1:10	1:15　1:25　1:40　1:60　1:100
小品详图	1:20　1:10　1:5	1:15　1:6　1:4　1:3　1:2

3. 标题栏与会签栏

标题栏又称图标，用来简要地说明图纸的内容，包括设计单位名称、工程项目名称、设计者、审核者、描图员、图名、比例、日期和图纸编号等内容。标题栏除竖式 A4 图幅位于图的下方外，其余均位于图的右下角，尺寸应符合 GBJI-86 规范规定，长边为 180mm，短边为 40mm、30mm或 50mm，如图 1-1 所示。

会签栏尺寸应为 75mm×20mm，栏内应填写会签人员所代表专业、姓名和日期，如图 1-2 所示。许多设计单位为使图纸标准化，减少制图工作量，已将图框、标题栏和会签栏等印在图纸上。另外各个学校的不同专业尚可根据本专业的教学需要自行安排标题栏中的内容，但应简单明了。

图 1-1　标题栏　　　　　　　　　　　图 1-2　会签栏

4. 图线

图线主要有实线、虚线、点画线、双点画线、折断线、波浪线等，如表 1-4 所示，图线宽度（简称线宽）b，宜从下列线宽系列中选取：2.0 mm、1.4 mm、1.0 mm、0.7 mm、0.5 mm、0.35mm。

表 1-4　线形种类及用途

名　称		线　型	线　宽	用　途
实线	粗		b	(1) 一般作主要可见轮廓线；(2) 平、剖面图中主要构配件断面的轮廓线；(3) 建筑立面图中外轮廓线；(4) 详图中主要部分的断面轮廓线和外轮廓线；(5) 总平面图中新建建筑物的可见轮廓线
	中		0.5b	(1) 建筑平、立、剖视图中一般构配件的轮廓线；(2) 平、剖视图中次要断面的轮廓线；(3) 总平面图中新建道路、桥涵、围墙及其他设施的可见轮廓线和区域分界线；(4) 尺寸起止符号
	细		0.35b	(1) 总平面图中新建人行道、排水沟、草地、花坛等可见轮廓线，原有建筑物、铁路、道路、桥涵、围墙等的可见轮廓线；(2) 图例线、索引符号、尺寸线、尺寸界线、引出线、标高符号、较小图形的中心线
虚线	粗		b	(1) 新建筑物的不可见轮廓线；(2) 结构图上不可见钢筋及螺栓线
	中		0.5b	(1) 一般不可见轮廓线；(2) 建筑构造及建筑构配件不可见轮廓线；(3) 总平面图计划扩建的建筑物、铁路、道路、桥涵、围墙及其他设施的轮廓线；(4) 平面图中的吊车轮廓线
	细		0.35b	(1) 总平面图中原有建筑物和道路、桥涵、围墙等设施的不可见轮廓线；(2) 结构详图中不可见钢筋混凝土构件轮廓线；(3) 图例线
点画线	粗		b	(1) 吊车轨道线；(2) 结构图中的支撑线
	中		0.5b	土方填挖区的零点线
	细		0.35b	分数线、中心线、对称线、定位轴线

续表

名 称		线 形	线 宽	用 途
双点画线	粗		b	预应力钢筋线
	中		0.5b	预应力钢筋线
	细		0.35b	假想轮廓线、成型前原始轮廓线等
折断线	细		0.35b	不需画全的断开界线
波浪线	细		0.35b	不需画全的断开界线

1.3 园林工程建设施工图的绘制

园林工程建设施工图是指导园林工程现场施工的技术性图纸，类型比较多，但是绘制要求基本一致。施工图平面尺寸以毫米为单位，高程以米为单位，数字要求精确到小数点后两位。具体的线型要求与相关图纸的绘制一致。

园林工程建设施工图有很多，例如平面总图、铺装详图、种植图等，下面将对设计总平面图、种植施工图、竖向施工图、园路广场施工图、假山施工图、水池工程施工图进行详细介绍。

1.3.1 园林设计总平面图

园林设计总平面图是园林设计最基础的图纸，它能够反映园林设计的总体思想和设计意图，是绘制其他设计图纸及施工、管理的主要依据，绘制要求包括以下几点。

● 包括指北针（或风玫瑰图），绘图比例（比例尺），文字说明，景点、建筑物或构筑物的名称标注，图例表；
● 以详细尺寸或坐标标明各类园林植物的种植位置，景区景点的设置、景区入口的位置以及各种造园素材的种类和位置，地下管线的位置及外轮廓；
● 要注明基点、基线，基点要同时注明标高；
● 为了减少误差，规则式平面要注明轴线与现状的关系；自然式道路、山丘种植要以方格网为控制依据；
● 小品主要控制点坐标及小品的定位、定形尺寸；
● 注明道路、广场、建筑物、河湖水面、地下管沟、山丘、绿地和古树根部的标高，并且在它们的衔接部分要做相应标注。

1.3.2 种植施工图

种植施工图是指导园林种植工程施工的技术性图纸，一份完整的种植施工图纸主要包括以下内容。

1. 种植工程施工平面图

在平面图上应按实际距离尺寸标注出各种植物的品种、数量，标明与周围固定构筑物和地下管线距离的尺寸，应写明施工放线依据。

自然式种植可以用方格网控制距离和位置，方格网规格为 (2m×2m)~(10m×10m)，应尽量与测量图的方格线在方向上一致。

对于现存需要保留的树种，如属于古树名木，则要单独注明。

2. 立面、剖面图

立面、剖面图在竖向上应标明各园林植物之间的关系、园林植物与周围环境及地上地下管线设施之间的关系，标明施工时准备选用的园林植物高度、体形及山石的关系。

3. 局部放大图

为了更清楚地反映园林设计的意图，方便指导施工，在必要时要求绘制局部放大图。局部放大图主要反映重点树丛、各树种关系、古树名木周围处理和覆层混交林种植的详细尺寸，为了表现花坛的花纹细部及山石的关系，通常也要采用局部放大图。

4. 做法说明

在园林植物种植施工图中，做法说明包括以下几个部分，在具体施工过程中根据实际情况进行编制。

- 对施工放线的依据进行说明；
- 交代各市政设计管线管理单位的配合情况；
- 苗木选用的要求；
- 栽植地区客土层的处理，客土或栽植土的土质要求；
- 施肥要求；
- 苗木供应规格发生变动时的处理意见和方法；
- 重点地区采用大规格苗木采取的号苗措施、苗木的编号与现场定位的方法；
- 非植树季节的施工要求。

5. 苗木表

苗木表包括以下内容。

- 苗木的种类和品种；
- 表示苗木规格的单位：胸径以厘米为单位，精确到小数点后一位；冠径、高度以米为单位，精确到小数点后一位；
- 观花类植物应标明花色；
- 苗木数量。

6. 线型要求

在园林植物种植设计图上，要求绘制出植物、建筑、水体、道路及地下管线等位置，其中植物用细实线表示；水体边界用粗实线表示出驳岸，沿水体边界内侧用细实线表示出水面；建筑用中实线；道路用细实线；地下管线或构筑物用中虚线。

7. 绘制要求

在园林植物种植施工图中，宜将各种植物按平面图中的图例，绘制在所设计种植位置上，并用圆点示出树干位置。树冠大小按成龄后效果最好时的冠幅绘制。为了便于区别树种，计算株数，应将不同树种统一编号，标注在树冠图例内。

在规则式的种植设计图中，对单株或丛植的植物宜以圆点表示出种植位置，对蔓生和成片种植的植物，用细实线绘制出种植范围，草坪用疏密不同的圆点表示，凡在道路、建筑物、山石、水体等边缘处，应由密而疏做出退晕的效果。对同一树种，在可能的情况下尽量以粗实线连接起来，并用索引符号逐树种编号，索引符号用细实线绘制，圆圈的上半部注写植物编号，下半部注写数量，尽量排列整齐，使图面清晰。

1.3.3 竖向施工图

竖向施工图是指导园林土方工程施工的技术性图纸，一份完整的竖向施工图纸主要包括以下内容。

1. 平面图

竖向施工平面图中要求反映的内容如下。

- 现状标高与原地形标高；
- 设计等高线，一般情况下等高距离为 0.25~0.5m；
- 土山的山顶标高；
- 水体驳岸、岸顶以及岸底的标高；
- 池底标高，水面要标出最低水位、最高水位以及常水位高度；
- 建筑物的室内外标高，建筑物出入口与室外标高；
- 道路、道路折点处标高，纵坡坡度；
- 绘制出排水方向、雨水口位置；
- 必要时要增加土调配图，方格为 2m×2m~10m×10m，注明各方格点原地面标高、设计标高、挖填高度，并列出土方平方平衡表。

2. 剖面图

为了更加清楚地反映设计意图，必要时应在重点区域、坡度变化复杂地段绘制剖面图并表示出各关键部位标高。

3. 做法说明

竖向施工图中做法说明的内容一般包括以下内容。

- 微地形处理说明；
- 施工现场土质分析；
- 土壤的夯实程度；
- 客土处理方法。

4. 绘制要求

在绘制竖向施工图时，应注意以下几点要求。

- 根据用地范围的大小和图样复杂程度，选定适宜的绘图比例，对同一个工程而言，一般采用与总体规划设计图相同的比例；
  - 确定合适的图幅，合理布置图面；
  - 确定定位轴线，或绘制直角坐标网；
  - 根据地形设计选定合适的等高距，并绘制等高线；在竖向设计图中，一般用细实线表示设计地形的等高线，用细虚线表示原地形的等高线；
  - 绘制出其他造园要素的平面位置，如园林建筑及小品、水体、建筑、山石、道路等。

5. 标注排水方向

对于排水方向的标注一般根据坡度，用单箭头来表示雨水排出方向。雨水的排出一般采取就近排入园中水体或排出园外的方法。

6. 绘制方格网

为了便于施工放线，在竖向设计图中设置方格网。设置时尽可能使方格网的某一边落在某一固定建筑设施边线上，每一网格边长可根据需要确定为 5m、10m、20m 等，其比例应与图中比例保持一致。方格网应按顺序编号，一般规定为：横向从左向右，用阿拉伯数字编号；纵向自下而上，用拉丁字母编号，并按测量基准点的坐标，标注出纵横第一网格坐标。

7. 注写设计说明

用简明扼要的语言，说明施工的技术要求及做法等，或附说明书。

8. 画指北针或风玫瑰图，注写标题栏

另外，为了使图面清晰可见，在竖向设计图纸中通常不绘制园林植物。根据表达需要，在重点区域、坡度变化复杂的地段，还应绘制出剖面或断面图，以表示各关键部位的标高及施工方法和要求。

1.3.4 园路、广场施工图

园路、广场施工图是指导园林道路施工的技术性图纸，能够清楚地反映园林路网和广场布局，一份完整的园路、广场施工图纸主要包括以下内容。

1. 平面图

园路、广场施工图中平面图的内容一般包括以下几点。

- 路面宽度及细部尺寸；
- 放线选用的基点、基线及坐标；
- 道路、广场与周围建筑物、地上地下管线的距离及对应标高；
- 路面及广场搞成、路面纵向坡度、路中标高、广场中心及四周标高、排水方向；
- 雨水口位置，雨水口详图或注明标准图索引号；
- 路面横向坡度；
- 对现存物的处理；

- 曲线园路的线形，标出转弯半径或用方格网表示；
- 道路及广场的铺装纹样。

2. 剖面图

为了直观反映出园林道路、广场的结构以及做法，在园路广场施工图中通常要绘制剖面图，剖面图包括以下内容。

- 路面、广场纵横剖面上的标高；
- 路面结构，表层、基础做法。

3. 局部放大图

为了清楚地反映出重点部位的纹样设计，便于施工，通常要做局部放大图。局部放大图主要是对重点结合部及路面花纹进行放大。

4. 做法说明

园路，广场施工图中的做法说明应包括以下几点内容。

- 指明施工放线的依据；
- 路面强度；
- 路面粗糙度；
- 铺装缝线的允许尺寸，以 mm 为单位；
- 异形铺装与道牙的衔接处理；
- 正方形铺装块折点、转弯处的做法。

1.3.5 假山施工图

为了清楚地反映假山设计，便于指导施工，通常要做假山施工图。假山施工图是指导假山施工的技术性文件，通常一幅完整的假山施工图包括以下几个部分。

1. 平面图

假山施工平面图要求表现的内容一般包括如下几点。

- 假山的平面位置、尺寸；
- 山峰、制高点、山谷、山东的平面位置、尺寸及各处高程；
- 假山附近地形及建筑物、地下管线与山石的距离；
- 植物及其他设施的位置、尺寸。

2. 剖面图

剖面图要求表现的内容一般包括如下几点。

- 假山各山峰的控制高程；
- 假山的基础结构；
- 管线位置、管径；
- 植物种植池的做法、尺寸、位置。

3. 立面图和透视图

立面图或透视图要求如下。

- 假山的层次、配置形式；
- 假山的大小及形状；
- 假山与植物及其他设备的关系。

4. 做法说明

做法说明包括以下几点。

- 山石形状、大小、纹理、色泽选择的原则；
- 山石纹理处理方法；
- 推石手法；
- 接缝处理方法；
- 山石用量控制。

1.3.6　水池施工图

为了清楚地反映水池的设计，便于指导施工，通常要绘制水池施工图，水池施工图是指导水池施工的技术性文件。

1. 平面图

水池施工平面图要求表现的内容一般包括以下几点。

- 放线依据；
- 水池与周围环境、建筑物、地上地下管线的距离；
- 对于自然式水池轮廓，可用方格网控制，方格网一般为 (2m×2m)~(10m×10m)；
- 周围地形标高和池岸标高；
- 池底转折点、池底中心以及池底的标高、排水方向；
- 进水口、排水口、溢水口的位置、标高；
- 泵房、泵坑的位置、标高。

2. 剖面图

剖面图要求表现的内容一般包括如下几点。

- 池岸、池底以及进水口高程；
- 池岸池底结构、表层（防护层）、防水层、基础做法；
- 池岸与山石、绿地、树木结合部的做法；
- 池底种植水生物的做法。

3. 各单项土建工程详图

- 泵房；
- 泵坑；
- 给排水、电气管线；
- 配电。

第2章

AutoCAD 2016 基础入门

AutoCAD 技术的应用，为园林设计者提供了很多方便，节省了大量的时间。本章将向读者介绍主流版本 AutoCAD 2016 的图形基本操作及绘图环境的设置等知识。通过对本章内容的学习，读者可以掌握基础绘图知识和应用技巧。

知识要点

▲ 了解 AutoCAD 2016

▲ 管理图形文件

▲ 设置绘图环境

▲ 使用操作命令的方法

2.1 了解 AutoCAD 2016

一个好的设计理念只有通过规范的制图才能实现其理想的效果。下面将向读者介绍 AutoCAD 2016 的基本知识以及操作方法。

2.1.1 AutoCAD 2016 的工作空间

工作空间是用户在绘制图形时使用到的各种工具和功能面板的集合。AutoCAD 2016 软件提供了 3 种工作空间，分别为"草图与注释""三维基础""三维建模"。其中"草图与注释"为默认工作空间。用户可通过以下几种方法切换工作空间。

● 执行"工具"→"工作空间"命令，在打开的级联菜单中选择需要的工作空间选项即可。

● 单击状态栏右侧的"切换工作空间"按钮 ⚙。

● 在命令行输入 WSCURRENT 命令并按回车键，根据命令行提示输入"草图与注释""三维基础"或"三维建模"，即可切换到相应的工作空间。"AutoCAD 经典"工作空间不可用快捷键进行设置。

1. 草图与注释

草图与注释工作空间是 AutoCAD 2016 默认的工作空间，也是最常用的工作空间，主要用于绘制二维草图。该空间是以 xy 平面为基准的绘图空间，在该空间中，用户可以利用各种二维绘图及修改工具进行绘图，如图 2-1 所示。

图 2-1　"草图与注释"工作空间功能面板

2. 三维基础

该工作空间只限于绘制三维模型。用户可运用系统所提供的建模、编辑、渲染等各种命令，创建出三维模型，如图 2-2 所示。

图 2-2　"三维基础"工作空间功能面板

3. 三维建模

该工作空间与"三维基础"相似，但与"三维基础"空间相比，增添了"网格"和"曲面"建模功能，而在该工作空间中，也可运用二维命令来创建三维模型，如图 2-3 所示。

图 2-3　"三维建模"工作空间功能面板

📖 绘图技巧 -

在操作过程中，有时会遇见工作空间无法删除的情况，这时很有可能是该空间正是当前使用空间。用户只需将当前空间切换至其他空间，再进行删除操作即可。

2.1.2　AutoCAD 2016 的工作界面

启动 AutoCAD 2016 应用程序后，将会进入 AutoCAD 默认的"草图与注释"工作空间的界面，该界面主要由标题栏、菜单栏、功能区、文件选项卡、绘图区、十字光标、命令行以及状态栏等几个主要部分组成，如图 2-4 所示。

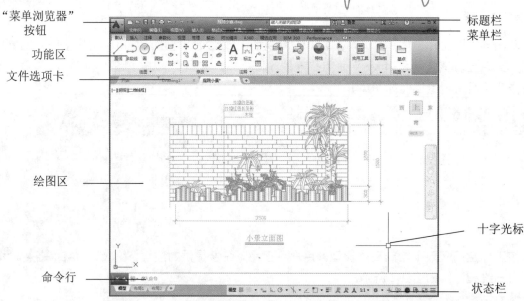

图 2-4　AutoCAD 2016 工作界面

1. "菜单浏览器"按钮

"菜单浏览器"按钮是由新建、打开、保存、另存为、输出、发布、打印、图形实用工具、关闭命令组成。

"菜单浏览器"按钮位于工作界面的左上方，单击该按钮，弹出 AutoCAD 菜单。其功能便一览无余，选择相应的命令，便会执行相应的操作。

2. 标题栏

标题栏位于工作界面的最上方，显示了当前软件的名称和用户正在使用的图形文件，它由快速访问工具栏 、当前图形标题 Autodesk AutoCAD 2016 Drawing1.dwg 、搜索栏 键入关键字或短语 、Autodesk Online 服务以及窗口控制按钮组成。按 Alt+ 空格键或者右击鼠标，将弹出窗口控制菜单，从中可以执行窗口的还原、移动、大小、最小化、最大化、关闭等操作，也可以通过右上角的窗口控制按钮 最大化、最小化、关闭文件。

3. 菜单栏

菜单栏位于标题栏下方。同 Windows 程序一样，AutoCAD 的菜单也是下拉形式的，并且在菜单栏中包含子菜单。菜单栏包括文件、编辑、视图、插入、格式、工具、绘图、标注、修改、参数、窗口、帮助等 12 个主菜单，如图 2-5 所示。

默认情况下，在"草图与注释""三维基础""三维建模"工作空间是不显示菜单栏的，若要显示菜单栏，可以单击快速访问工具栏下拉按钮，在弹出的下拉菜单中选择"显示菜单栏"命令即可。

图 2-5　菜单栏

知识拓展

　　AutoCAD 为用户提供了"菜单浏览器"功能，所有的菜单命令可以通过"菜单浏览器"执行，因此默认设置下，菜单栏是隐藏的，当变量 MENUBAR 的值为 1 时，显示菜单栏；值为 0 时，隐藏菜单栏。

4. 功能区

　　在 AutoCAD 中，功能区在菜单栏的下方，其包含功能区选项板和功能区按钮。功能区按钮主要是代替命令的简便工具，利用功能区按钮既可以完成绘图中的大量操作，还省略了烦琐的工具步骤，从而提高效率，如图 2-6 所示。

图 2-6　功能区

5. 文件选项卡

　　文件选项卡位于功能区下方，默认情况下，该选项卡会以 Drawing1、Drawing2……来命名新文件。利用文件选项卡，可方便用户寻找需要的文件。

6. 绘图区

　　绘图区位于用户界面的正中央，即被工具栏和命令行所包围的整个区域，此区域是用户的工作区域，图形的设计与修改工作就是在此区域内进行的。默认状态下绘图区是一个无限大的电子屏幕，无论尺寸多大或多小的图形，都可以在绘图区中灵活显示。

　　绘图区包含有坐标系、十字光标和导航盘等，一个图形文件对应一个绘图区，所有的绘图结果都反映在这个区域内。用户可利用"缩放"命令来控制图形的大小显示，也可以关闭各个工具栏，以增加绘图空间，或者是在全屏模式下显示绘图区。

7. 命令行

　　命令行窗口位于操作界面的底部，是用户与 AutoCAD 进行交互对话的窗口，如图 2-7 所示。在命令行中，AutoCAD 接收用户以各种方式输入的命令，并提供相应的提示，如命令选项、提示信息和错误信息等。

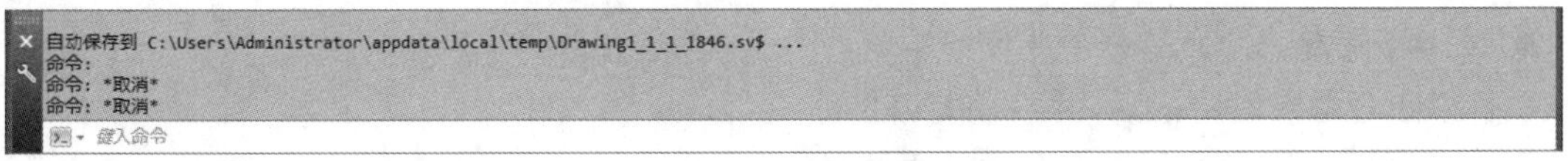

图 2-7　命令行

　　命令行窗口中显示文本的行数是可变的，将指针移动至命令行窗口上边框处，当指针变为双向箭头时，按住鼠标左键拖动即可。

知识拓展

命令行也可以作为文本窗口的形式显示命令。文本窗口是记录 AutoCAD 历史命令的窗口，按 F2 键可以打开文本窗口，该窗口中显示的信息与命令行显示的完全一致，便于快速访问和复制完整的历史记录。

8. 状态栏

状态栏用于显示当前的状态。在状态栏的最左侧有"模型"和"布局"两个绘图模式，单击任意模式选项即可切换模式。状态栏主要用于显示光标的坐标、控制绘图的辅助功能按钮、控制图形状态的功能按钮等，如图 2-8 所示。

图 2-8　状态栏

2.2　管理图形文件

图形文件的基本操作是在绘制图形过程中必须掌握的知识要点。图形文件的操作包括新建图形文件、打开文件、保存文件、关闭文件等。

2.2.1　新建图形文件

在创建一个新的图形文件时，用户可以利用已有的样板创建，也可以创建一个无样板的图形文件，无论哪种方式，操作方法基本相同。

用户可以通过以下方法创建新的图形文件。

● 单击"菜单浏览器"按钮，执行"新建"→"图形"命令。

● 执行"文件"→"新建"菜单命令，或按 Ctrl+N 组合键。

● 单击快速访问工具栏的"新建"按钮。

● 在文件选项卡右侧单击"新图形"按钮。

● 在命令行输入 NEW 命令并按回车键。

执行以上任意一种方法后，系统将打开"选择样板"对话框，从文件列表中选择需要的样板，单击"打开"按钮即可创建新的图形文件，如图 2-9 所示。

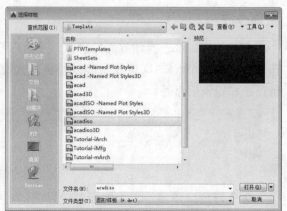

图 2-9　"选择样板"对话框

2.2.2　打开图形文件

打开图形文件的常用方法有以下几种。

- 单击"菜单浏览器"按钮,在弹出的列表中执行"打开"→"图形"命令。
- 执行"文件"→"打开"菜单命令,或按 Ctrl+O 组合键。
- 在命令行输入 OPEN 命令并按回车键。
- 双击 AutoCAD 图形文件。

打开"选择文件"对话框,在其中选择需要打开的文件,在对话框右侧的"预览"区中可以预先查看所选择的图形,然后单击"打开"按钮即可,如图 2-10 所示。

图 2-10　"选择文件"对话框

2.2.3　保存图形文件

绘制或编辑完图形后,需对文件进行保存操作,避免因失误导致没有保存文件。用户可以直接保存文件,也可以进行另存为文件。

1. 保存新建文件

用户可以通过以下方法进行文件保存操作。

- 单击"菜单浏览器"按钮,在弹出的列表中执行"保存"→"图形"命令
- 执行"文件"→"保存"菜单命令,或按 Ctrl+S 组合键。
- 单击快速访问工具栏的"保存"按钮。
- 在命令行输入 SAVE 命令并按回车键。

执行以上任意一种操作后,将打开"图形另存为"对话框,如图 2-11 所示。命名图形文件后单击"保存"按钮即可保存文件。

图 2-11　"另存为"对话框

✍ 绘图技巧

　　在进行第一次保存操作时，系统会自动打开"图形另存为"对话框，来确定文件的位置和名称，如果是进行第二、第三次保存，则系统将自动保存并替换第一次所保存的文件。

2. 另存为文件

　　如果用户需要重新命名文件名称或者更改路径的话，就需要另存为文件。通过以下方法可以执行另存文件操作。

- 单击"菜单浏览器"按钮，在弹出的列表中执行"另存为"→"图形"命令。
- 执行"文件"→"另存为"命令。
- 单击快速访问工具栏的"另存为"按钮 🖫。

知识拓展

　　为了便于在 AutoCAD 早期版本中能够打开 AutoCAD 2016 的图形文件，在保存图形文件时，可以保存为较早的格式类型。在"图形另存为"对话框中，单击"文件类型"下拉按钮，在打开的下拉列表中包括 14 种类型的保存方式，选择其中一种较早的文件类型后单击"保存"按钮即可。

2.2.4　关闭图形文件

　　用户可以通过以下方法关闭文件。

● 单击"菜单浏览器"按钮，在弹出的列表中执行"关闭"→"图形"命令。

● 在标题栏的右上角单击按钮 ✕。

● 在命令行输入 CLSOE 命令并按回车键。

如果文件并没有修改，可以直接关闭文件；如果是修改过的文件，系统会提示是否保存文件或放弃已做的修改，如图 2-12 所示。

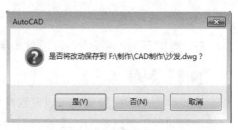

图 2-12　提示窗口

2.3　设置绘图环境

绘制图形时，用户可以根据自己的喜好设置绘图环境，比如更改绘图区的背景颜色、设置绘图界限、设置绘图单位与比例等。

2.3.1　更改绘图界限

绘图界限是指在绘图区中设定的有效区域。在实际绘图过程中，如果没有对绘图界限进行设定，那么 CAD 系统对作图范围将不作限制，这会在打印和输出过程中增加难度。通过以下方法可以执行设置绘图边界操作。

● 执行"格式"→"图形界限"命令。

● 在命令行输入 LIMITS 命令并按回车键。

命令行提示如下。

```
命令:LIMITS
重新设置模型空间界限:
指定左下角点或 [开(ON)/关(OFF)] <0.0000,0.0000>:        //指定图形界限第一点坐标值
指定右上角点 <420.0000,297.0000>:                      //指定图形界限对角点坐标值
```

2.3.2　设置绘图单位

在绘图之前，应对绘图单位进行设定，以保证图形的准确性。绘图单位包括长度单位、角度单位、缩放单位、光源单位以及方向控制等。

在菜单栏中执行"格式"→"单位"命令，或在命令行输入 UNITS 并按回车键，即可打开"图形单位"对话框，从中便可对绘图单位进行设置，如图 2-13 所示。

图 2-13　"图形单位"对话框

1. "长度"选项组

在"类型"下拉列表中可以设置长度类型，在"精度"下拉列表中可以对长度的精度进行设置。

2. "角度"选项组

在"类型"下拉列表中可以设置角度类型，在"精度"下拉列表中可以对角度的精度设置。勾选"顺时针"复选框后，图像以顺时针方向旋转，若不勾选，图像则以逆时针方向旋转。

3. "插入时的缩放单位"选项组

缩放单位是插入图形后的测量单位，默认情况下是"毫米"，一般不作改变，用户也可以在对应的下拉列表中设置缩放单位。

4. "光源"选项组

光源单位是指光源强度的单位，其中包括国际、美国、常规选项。

5. "方向"按钮

"方向"按钮位于"图形单位"对话框的下方。单击"方向"按钮，打开"方向控制"对话框，如图 2-14 所示。默认基准角度是东，用户也可以设置基准角度的起始位置。

图 2-14 "方向控制"对话框

2.3.3 设置显示工具

显示工具也是设计中一个非常重要的因素，用户可以通过"选项"对话框更改自动捕捉标记的大小、靶框的大小、拾取框的大小、十字光标的大小等。

1. 更改自动捕捉标记大小

打开"选项"对话框的"绘图"选项卡，在"自动捕捉标记大小"选项组中，用鼠标左键拖动滑块到满意位置，单击"确定"按钮即可，如图 2-15 所示。

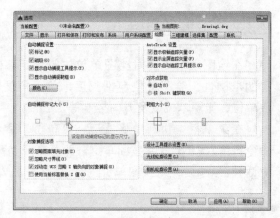

图 2-15 更改自动捕捉标记大小

2. 更改外部参照显示

更改外部参照显示是用来控制所有 DWG 外部参照的淡入度。在"选项"对话框中打开"显示"选项卡，在"淡入度控制"选项组中输入淡入度数值，或直接拖动滑块即可修改外部参照的淡入度，如图 2-16 所示。

图 2-16　设置淡入度

3. 更改靶框的大小

靶框也就是在绘制图形时十字光标的中心位置。在"绘图"选项卡"靶心大小"选项组中拖动滑块可以设置大小，靶心大小会随着滑块的拖动更改，滑块左侧可以预览大小。设置完成后，单击"确定"完成操作。如图 2-17、图 2-18 所示为靶框大小的设置。

图 2-17　设置较小靶框

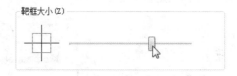

图 2-18　设置较大靶框

4. 更改拾取框的大小

十字光标的中心位置为拾取框，设置其大小，可便于快速地拾取物体。打开"选项"对话框的"选择集"选项卡，在"拾取框大小"选项组中拖动滑块，直到满意的位置后单击"确定"按钮即可。

5. 更改十字光标的大小

十字光标的有效值的范围是 1%～100%，它的尺寸可延伸到屏幕的边缘，当数值在 100%时可以辅助绘图。用户可以在"显示"选项卡"十字光标大小"选项组中，输入数值进行设置，还可以拖动滑块设置十字光标的大小。

实战——设置绘图比例

比例指的是出图比例，通常要先调整好图框的输出大小，比如 A3、A4 等。然后在图框内调整好图形的比例大小，以达到出图的效果。所以绘图比例是根据图纸单位来指定合适的绘图比例。为了更加深入地了解 AutoCAD 2016 的基础知识，下面将通过一个案例来讲解如何设置绘图比例。

Step 01 在状态栏右侧单击"视图注释比例"按钮 1:1 / 100% ▾，在弹出的列表中选择"自定义"选项，如图 2-19 所示。

Step 02 在"编辑图形比例"对话框中单击"添加"按钮，如图 2-20 所示。

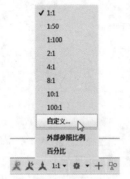

图 2-19　单击"自定义"选项　　图 2-20　"编辑图形比例"对话框

Step 03 打开"添加比例"对话框，并设置比例名称和比例特性，如图 2-21 所示。

Step 04 单击"确定"按钮，返回"编辑图形比例"对话框，在该对话框可以看到添加过的比例，如图 2-22 所示。

Step 05 单击"确定"按钮，完成绘图比例的设置。再次单击"视图注释比例"按钮 1:1 / 100% ▾，即可选择添加的绘图比例，如图 2-23 所示。

图 2-21　设置比例名称和特性　　图 2-22　查看添加比例　　图 2-23　选择比例

2.4　使用操作命令的方法

在使用 AutoCAD 进行绘图的过程中，使用鼠标输入、键盘输入以及在命令行中输入命令的操作方法最为常用。3 种操作方法相互结合使用，可大大提高工作效率。

1. 鼠标输入命令

使用鼠标输入命令，就是利用鼠标选择功能面板中的命令。例如，想绘制一条直线，则需要执行"绘图"→"直线"菜单命令，然后在命令行中输入直线距离，按回车键后即可完成直线的绘制。

2. 键盘输入命令

大部分的绘图、编辑功能都需要使用键盘来辅助操作，通过键盘可以输入命令、命令参数、系统坐标点以及文本对象等。例如，在键盘上按 L 键，即可启动"直线"命令。

3. 使用命令行输入

命令行位于 AutoCAD 界面的下方，在命令行中可以输入命令、参数等内容。在命令行的空白处单击鼠标右键，在打开的快捷菜单中，可以选择"近期使用的命令"选项，在其后的扩展列表中选择相关命令，即可进行该命令的操作。

✍ 绘图技巧

若在命令行中输入错误命令，可按 Backspace 键进行删除；如果想终止当前正在操作的命令，则可以按 ESC 键进行取消。

综合演练　更改工作界面颜色

实例路径：实例 \CH02\ 综合演练 \ 更改工作界面颜色 .dwg
视频路径：视频 \CH02\ 更改工作界面颜色 .avi

AutoCAD 2016 软件第一次打开的时候，软件界面显示为暗色，绘图区背景显示为深黑色。读者若是想更换其颜色，可以通过以下方法进行设置。

Step 01 启动 AutoCAD 2016 应用程序，观察工作界面，如图 2-24 所示。

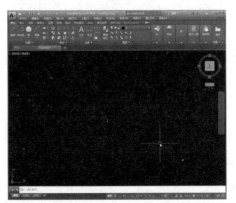

图 2-24　初始工作界面

Step 02 单击"菜单浏览器"按钮，在打开的列表中单击"选项"按钮，打开"选项"对话框，切换到"显示"选项下，单击"配色方案"下拉按钮，选择"明"选项，如图 2-25 所示。

图 2-25　选择配色方案

Step 03 再单击"颜色"按钮，如图 2-26 所示。

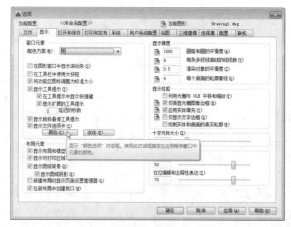

图 2-26　单击"颜色"按钮

Step 04 打开"图形窗口颜色"对话框，从中设置"统一背景"的颜色，在"颜色"列表中选择白色，如图 2-27 所示。

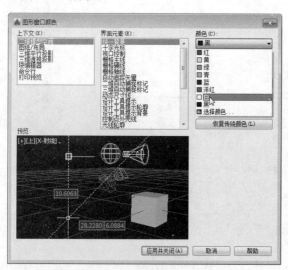

图 2-27　选择颜色

Step 05 选择颜色后在预览区可以看到预览效果，如图 2-28 所示。

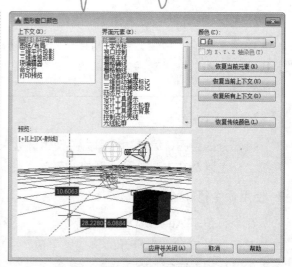

图 2-28　预览效果

Step 06 单击"应用并关闭"按钮，返回"选项"对话框再单击"确定"按钮，即可更改工作界面及绘图区的颜色，如图 2-29 所示为更改后的效果。

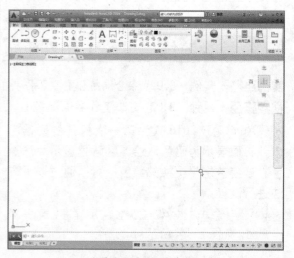

图 2-29　设置效果

上机操作

为了让读者能够更好地掌握本章所学习到的知识，在本小节列举几个针对于本章的拓展案例，以供读者练手。

1．设置绘图单位

⚠ 操作提示：

Step 01 执行"工具"→"单位"命令，打开"图形单位"对话框，如图2-30所示。

Step 02 设置"精度"为0，再设置单位为米，如图2-31所示。

图 2-30　打开"图形单位"对话框

图 2-31　设置精度和单位

2．设置十字光标大小

⚠ 操作提示：

Step 01 打开"选项"对话框，从中打开"显示"选项卡，默认十字光标大小为10，单击其设置滑块，如图2-32所示。

图 2-32　单击滑块

Step 02 拖动滑块，即可调整十字光标大小，如图 2-33 所示。

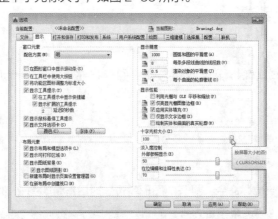

图 2-33　拖动调整十字光标大小

第3章

绘制园林二维图形

绘制二维图形是 AutoCAD 的绘图基础，只有掌握了绘制基本平面图形后，才能够熟练绘制出其他复杂的图形。本章主要介绍 AutoCAD 常用的绘图命令，强调 AutoCAD 精确绘图的特点，并结合园林制图基本规则，举例说明各种命令的综合运用。通过对本章内容的学习，读者应能够熟练掌握二维图形的绘制方法与绘图技巧。

知识要点

▲ 基本绘图命令　　　　　　▲ 图形图案的填充

▲ 高级绘图命令

3.1 基本绘图命令

任何一幅工程图纸都是由基本图形元素，如直线、圆、圆弧等组合而成，掌握基本图形元素的绘图方法，是学习 AutoCAD 软件的重要基础。

3.1.1 绘制点

在 AutoCAD 中，点是构成图形的基础，任何图形都是由无数点组成。AutoCAD 中提供了单点、多点、定数等分和定距等分四种形式的点。

1. 设置点样式

默认情况下，点在 AutoCAD 中是以圆点的形式显示的，用户也可以设置点的显示类型。执行"格式"→"点样式"命令，打开"点样式"对话框，即可从中选择相应的点样式，如图 3-1 所示。

同时，点的大小也可以自定义，若选择"相对于屏幕设置大小"单选按钮，则点大小是以百分数的形式实现。若选择"按绝对单位设置大小"单选按钮，则点大小是以实际单位的形式实现。

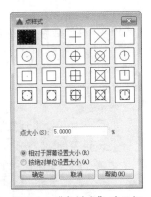

图 3-1 "点样式"对话框

2. 绘制点

点是组成图形的最基本实体对象，下面将介绍单点或多点的绘制方法。

- 执行"绘图"→"点"→"单点（或多点）"命令。
- 在"默认"选项卡"绘图"面板中单击"多点"按钮。
- 在命令行输入 POINT 命令并按回车键。

3. 绘制定数等分点

定数等分可以将图形对象按照固定的数值和相同的距离进行平均等分，从而捕捉对象上的等分点进行绘制。作为绘制的参考点，如图 3-2 所示为将直线等分为 5 份的效果。用户可以通过以下方式绘制定数等分点。

图 3-2 定数等分

- 执行"绘图"→"点"→"定数等分"命令。
- 在"默认"选项卡"绘图"面板中，单击"定数等分"按钮 。
- 在命令行输入 DIVIDE 命令并按回车键。

命令行提示如下。

```
命令：_divide
选择要定数等分的对象：
输入线段数目或 [块(B)]：5
```

4. 绘制定距等分点

定距等分是从某一端点按照指定的距离划分的点。被等分的对象在不被整除的情况下，其最后一段要比之前的距离短，如图 3-3 所示为定距等分后的效果。用户可以通过以下方式绘制定距等分点。

图 3-3 定距等分

- 执行"绘图"→"点"→"定距等分"命令。
- 在"默认"选型卡"绘图"面板中单击"定距等分"按钮 。
- 在命令行输入 MEASURE 命令并按回车键。

命令行提示如下。

```
命令：_measure
选择要定距等分的对象：
指定线段长度或 [块(B)]：120
```

> **知识拓展**
>
> ◀ 如果是闭合图形，此时在使用"定数等分"命令时，其生成的点数等于输入的等分段数。
>
> 无论是使用"定数等分"或"定距等分"，进行操作时并非是将图形分成独立的几段，而是在相应的位置上显示等分点，以辅助其他图形的绘制。在使用"定距等分"功能时，如果当前线段长度是等分值的倍数，该线段可实现等分。反之，则无法实现真正等分。

3.1.2　绘制直线

直线命令是在绘图工具中最基础的一项命令，只需指定起点和终点即可绘制一条直线。在 AutoCAD 中，用户可以用二维坐标或三维坐标来指定直线的起点与端点，也可以混合使用二维坐标和三维坐标。用户可以通过以下方式调用直线命令。

- 执行"绘图"→"直线"命令。
- 在"默认"选项卡"绘图"面板中单击"直线"按钮 /。
- 在命令行输入 LINE 命令并按回车键。

3.1.3　绘制射线 / 构造线

射线是从一端点出发向某一方向无限延伸的直线，该线段只有起始点没有终点。构造线为两端可以无限延伸的直线，没有起点和终点，它可以放置在三维空间的任何地方，主要用于绘制辅助线。用户可以通过以下方式调用射线或构造线命令。

- 执行"绘图"→"射线"/"构造线"命令。
- 在"默认"选项卡"绘图"面板中单击下三角按钮 绘图 ▾，在弹出的选项卡中单击"射线"按钮 / "构造线"按钮 ✗。

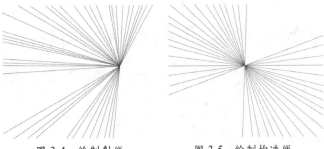

- 在命令行输入 RAY 命令并按回车键即可调用射线命令；在命令行输入 XLINE 命令并按回车键即可调用构造线命令。

如图 3-4、图 3-5 所示为绘制的射线及构造线效果。

图 3-4　绘制射线　　　图 3-5　绘制构造线

绘图技巧

> 射线可以指定多个通过点，绘制以同一个起点为顶点的多条射线，绘制完多条射线后，按 ESC 键或回车键即可完成操作。

3.1.4　绘制圆

圆是常用的基本图形，创建圆时，可以指定圆心，输入半径值，也可以任意用半径长度绘制。用户可以通过以下方式调用圆命令。

- 执行"绘图"→"圆"命令的子命令。
- 在"默认"选项卡"绘图"面板中单击"圆"按钮，或者单击"圆"下三角按钮，在下拉列表中，选择圆的绘制方式。
- 在命令行输入 C 并按回车键。

圆的子命令中包含以下几种绘制方式。

● 圆心、半径 / 直径：该方式是先确定圆心，然后输入半径或者直径即可完成绘制操作；

● 两点 / 三点：在绘图区指定两点或三点，或者捕捉图形的点即可绘制圆；

● 相切、相切、半径：选择图形对象的两个相切点，在输入半径值即可绘制圆。命令行提示如下。

```
命令：_circle
指定圆的圆心或 [三点(3P)/两点(2P)/切点、切点、半径(T)]：_ttr
指定对象与圆的第一个切点：
指定对象与圆的第二个切点：
指定圆的半径 <150.0000>:100
```

● 相切、相切、相切：选择图形对象的三个相切点，即可绘制一个与图形相切的圆。命令行提示如下。

```
命令：_circle
指定圆的圆心或 [三点(3P)/两点(2P)/切点、切点、半径(T)]：_3p 指定圆上的第一个点：_tan 到
指定圆上的第二个点：_tan 到
指定圆上的第三个点：_tan 到
```

实战——绘制霸王棕图形

下面利用圆和直线命令绘制一个霸王棕的平面图形，操作步骤介绍如下。

Step 01 执行"绘图"→"圆"命令，绘制一个半径为 50mm 的圆作为植物主干，如图 3-6 所示。

Step 02 关闭对象捕捉模式，执行"绘图"→"直线"命令，绘制五条不同角度且长为 600mm 的直线作为叶茎，如图 3-7 所示。

Step 03 继续执行"绘图"→"直线"命令，绘制多条直线完成一个叶片的绘制，如图 3-8 所示。

Step 04 按照如此绘制方法绘制其他叶片，完成霸王棕图形的绘制，如图 3-9 所示。

 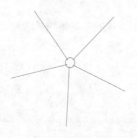 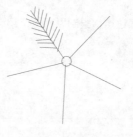 

图 3-6 绘制圆　　　　图 3-7 绘制叶茎　　　　图 3-8 绘制叶片　　　　图 3-9 完成绘制

3.1.5 绘制椭圆

椭圆有长半轴和短半轴之分，长半轴与短半轴的值决定了椭圆曲线的形状，通过设置椭圆的起始角度和终止角度可以绘制椭圆弧。

用户可以通过以下方式调用椭圆命令。

- 执行"绘图"→"椭圆"命令。
- 在"默认"选项卡"绘图"面板中单击"椭圆"按钮，或单击"椭圆"下三角按钮，在打开的下拉列表中，选择椭圆的绘图方式选项。
- 在命令行输入 ELLIPSE 命令并按回车键。

命令行提示如下。

```
命令: _ellipse
指定椭圆的轴端点或 [圆弧(A)/中心点(C)]: _c
指定椭圆的中心点:
指定轴的端点:
指定另一条半轴长度或 [旋转(R)]:
```

3.1.6 绘制圆弧

绘制圆弧的方法有很多种，默认情况下，绘制圆弧需要三点：圆弧的起点、圆弧上的点和圆弧的端点。

用户可以通过以下方式调用圆弧命令。

- 执行"绘图"→"圆弧"命令的子命令。
- 在"默认"选项卡"绘图"面板中单击"圆弧"按钮，或单击其下三角按钮，在其下拉列表中，选择圆弧绘制方式选项。
- 在命令行输入 ARC 命令并按回车键。

命令行提示如下。

```
命令: ARC
指定圆弧的起点或 [圆心(C)]:
指定圆弧的第二个点或 [圆心(C)/端点(E)]:
指定圆弧的端点:
```

绘图技巧

圆弧的方向有顺时针和逆时针之分。默认情况下，系统按照逆时针方向绘制圆弧。因此，在绘制圆弧时一定要注意圆弧起点和端点的相对位置，否则有可能导致所绘制的圆弧与预期的方向相反。

3.1.7 绘制圆环

圆环是由同一个圆心，不同半径的两个圆组成的。绘制圆环时，应首先指定圆环的内径、外径，然后再指定圆环的中心点，即可完成圆环的绘制。

绘图技巧

圆环绘制完成后，用户可以继续指定中心点的位置，来绘制多个大小相等的圆环，直到按 ESC 键退出操作。

用户可以通过以下方式调用椭圆命令。

● 执行"绘图"→"圆环"命令。
● 在"默认"选项卡"绘图"面板中单击"圆环"按钮◎。
● 在命令行输入 DONUT 命令并按回车键。

命令行提示如下。

```
命令：
DONUT
指定圆环的内径 <228.0181>: 100
指定圆环的外径 <1.0000>: 120
指定圆环的中心点或 <退出>:
指定圆环的中心点或 <退出>: *取消*
```

绘图技巧

执行"圆环"命令后，若指定其内径为 0，则可以通过指定外径大小来绘制实心圆。

实战——绘制树立面图形

本案例中将利用直线、圆弧、多段线等命令绘制一棵树的立面图形，操作步骤介绍如下。

Step 01 执行"绘图"→"多段线"命令，绘制一条长 1200mm 的多段线，设置起点宽度为 30mm，端点宽度为 10mm，作为树干，如图 3-10 所示。

Step 02 执行"绘图"→"直线"命令，绘制几条直线作为主树枝，如图 3-11 所示。

Step 03 执行"绘图"→"圆弧"命令，绘制一条弧线作为树冠，移动到合适的位置，如图 3-12 所示。

Step 04 执行"绘图"→"直线"命令，绘制细小的枝杈，完成树立面图的绘制，如图 3-13 所示。

图 3-10　绘制多段线　图 3-11　绘制直线　　图 3-12　绘制圆弧　　图 3-13　完成绘制

3.1.8 绘制矩形

　　矩形是最常用的几何图形，分为普通矩形、倒角矩形和圆角矩形，用户可以随意指定矩形的两个对角点创建矩形，也可以在指定面积和尺寸创建矩形。用户可以通过以下方式调用矩形命令：

- 执行"绘图"→"矩形"命令。
- 在"默认"选项卡"绘图"面板中单击"矩形"按钮 ▭ ▾。
- 在命令行输入 RECTANG 命令并按回车键。

知识拓展

　　　　利用"直线"命令也可绘制出长方形，但与"矩形"命令绘制出的方形有所不同。前者绘制的方形，其线段都是独立存在的，而后者绘制出的方形，则是一条闭合线段。

1. 普通矩形

　　在"默认"选项卡"绘图"面板中单击"矩形"按钮 ▭ ▾。在任意位置指定第一个角点，再根据提示输入 D，并按回车键，输入矩形的长度 600 和宽度 400 后按回车键，然后单击鼠标左键，即可绘制一个矩形，如图 3-14 所示。

图 3-14　普通矩形

绘图技巧

　　　　用户也可以设置矩形的线宽，执行"绘图"→"矩形"命令，根据提示输入 W，再输入线宽的数值，指定两个对角点即可绘制一个有宽度的矩形。

2. 倒角矩形

　　执行"绘图"→"矩形"命令，根据命令行提示输入 C，输入倒角距离 80，再输入长度和宽度分别为 600 和 400，单击鼠标，即可绘制倒角矩形，如图 3-15 所示。

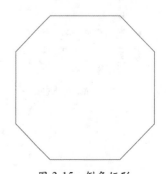

图 3-15　倒角矩形

命令行提示如下：

```
命令：_rectang
当前矩形模式： 倒角=80.0000 x 60.0000
指定第一个角点或 [倒角(C)/标高(E)/圆角(F)/厚度(T)/宽度(W)]: c
指定矩形的第一个倒角距离 <80.0000>: 80
指定矩形的第二个倒角距离 <60.0000>: 80
指定第一个角点或 [倒角(C)/标高(E)/圆角(F)/厚度(T)/宽度(W)]:
指定另一个角点或 [面积(A)/尺寸(D)/旋转(R)]: d
指定矩形的长度 <10.0000>: 600
指定矩形的宽度 <10.0000>: 400
指定另一个角点或 [面积(A)/尺寸(D)/旋转(R)]:
```

3. 圆角矩形

在命令行输入 RECTANG 命令并按回车键，根据提示输入F，设置半径为 50，然后指定两个对角点，即可完成绘制圆角矩形的操作，如图 3-16 所示。

命令行提示如下：

```
命令：_rectang
指定第一个角点或 [倒角(C)/标高(E)/圆角(F)/厚度(T)/宽度(W)]: f
指定矩形的圆角半径 <0.0000>: 100
指定第一个角点或 [倒角(C)/标高(E)/圆角(F)/厚度(T)/宽度(W)]:
指定另一个角点或 [面积(A)/尺寸(D)/旋转(R)]:
```

图 3-16　圆角矩形

3.1.9　绘制正多边形

正多边形是指由三条或三条以上长度相等的线段组成的闭合图形。默认情况下，正多边形的边数为 4。绘制正多边形时，分为内接圆和外切圆两个方式，以内接圆方式绘制时，其多边形显示在虚构圆内，而使用外切圆方式绘制时，其多边形显示在虚构圆外。用户可以通过以下方式调用多边形命令：

● 执行"绘图"→"多边形"命令。
● 在"默认"选项卡"绘图"面板中单击"矩形"下三角按钮▭▾，在弹出的列表中单击"多边形"按钮⬠。
● 在命令行输入 POLYGON 命令并按回车键。

1. 内接于圆

在命令行输入 POLYGON 并按回车键，根据提示设置多边形的边数、内接和半径。设置完成后效果如图 3-17 所示。

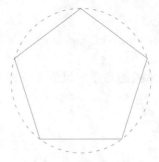

图 3-17　内接于圆的五边形

命令行提示如下：

命令：POLYGON
输入侧面数 <7>：5
指定正多边形的中心点或 [边(E)]：
输入选项 [内接于圆(I)/外切于圆(C)] <I>：i
指定圆的半径：80

2. 外切于圆

在命令行输入 POLYGON 并按回车键，根据提示设置多边形的边数、外切和半径。设置完成后效果如图 3-18 所示。

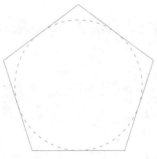

图 3-18　外切于圆的五边形

命令行提示如下：

命令：POLYGON
输入侧面数 <7>：5
指定正多边形的中心点或 [边(E)]：
输入选项 [内接于圆(I)/外切于圆(C)] <I>：c
指定圆的半径：80

📖 绘图技巧

在绘制多边形时，除了可以通过指定多边形的中心点来绘制正多边形之外，还可以通过指定多边形的一条边来进行绘制。

3.2 高级绘图命令

在前面章节中，介绍了一些基本绘图命令的操作。下面将对一些高级绘图命令进行介绍，如多线、多段线、样条曲线、修订云线等。

3.2.1 绘制与编辑多线

通过多线命令可以绘制出多条平行线组成的一个对象，平行线之间的间距和数目是可以设置的，这些平行线称之为元素。下面将对其相关知识进行介绍。

1. 设置多线样式

在 AutoCAD 软件中，可以创建和保存多线的样式或应用默认样式，还可以设置多线中每个元素的颜色和线型，并能显示或隐藏多线转折处的边线。用户可以通过以下两种方式打开"点样式"对话框：

● 执行"格式"→"多线样式"命令。
● 在命令行中输入 MLSTYLE 命令。

执行"格式"→"多线样式"命令，打开"多线样式"对话框，如图 3-19 所示。再单击"新建"按钮，即可打开"新建多线样式"对话框，用户可以在该对话框中设置多线样式，如图 3-20 所示。

图 3-19 "多线样式"对话框

图 3-20 "新建多线样式"对话框

知识拓展

在"多线样式"对话框中，默认样式为 STANDARD。若要新建样式，可单击"新建"按钮，在"新建多线样式"对话框中，输入新样式的名称，然后在对话框中根据需要进行设置。完成后单击"确定"按钮，返回"多线样式"对话框，在"样式"列表框中选择新建的样式，单击"置为当前"按钮即可。

2. 绘制多线

设置完多线样式后，就可以开始绘制多线。用户可以通过以下方式调用多线命令：

● 在菜单栏中执行"绘图"→"多线"命令。
● 在命令行输入 MLINE 命令并按回车键。

命令行的提示如下：

```
命令：MLINE
当前设置：对正 = 无，比例 = 20.00，样式 = STANDARD
指定起点或 [对正(J)/比例(S)/样式(ST)]： j
输入对正类型 [上(T)/无(Z)/下(B)] <无>： z
当前设置：对正 = 无，比例 = 20.00，样式 = STANDARD
指定起点或 [对正(J)/比例(S)/样式(ST)]： s
输入多线比例 <20.00>： 240
当前设置：对正 = 无，比例 = 240.00，样式 = STANDARD
```

绘图技巧

默认情况下，绘制多线的操作和绘制直线相似，若想更改当前多线的对齐方式、显示比例及样式等属性，可以在命令行中进行选择操作。

3. 编辑多线

多线绘制完毕后，通常都会需要对多线进行修改编辑，才能达到预期的效果。在 AutoCAD 中，用户可以利用多线编辑工具对多线进行设置，如图 3-21 所示。在"多线编辑工具"对话框中可以编辑多线接口处的类型，用户可以通过以下方式打开该对话框：

● 执行"修改"→"对象"→"多线"命令。
● 在命令行输入 MLEDIT 命令并按回车键。
● 直接双击多线图形。

图 3-21   "多线编辑工具"对话框

3.2.2 绘制与编辑多段线

多段线是由相连的直线和圆弧组成，在直线和圆弧之间可进行自由切换。用户可以设置多段线的宽度，也可以在一条多段线中，设置不同的线宽。在园林设计制图中，用户可用多段线命令绘制道路、花坛、木栈道、曲桥等图形。

1. 绘制多段线

多线段具有多样性，默认情况下，当指定了多段线另一端点的位置后，可从起点到该点绘

制出一段多段线。用户可以通过以下方式调用多段线命令：

- 执行"绘图"→"多段线"命令。
- 在"默认"选项卡"绘图"面板中单击"多段线"按钮。
- 在命令行输入 PLINE 命令并按回车键。

命令行的提示如下：

```
命令: _pline
指定起点:
当前线宽为 0.0000
指定下一个点或 [圆弧(A)/半宽(H)/长度(L)/放弃(U)/宽度(W)]: 1000（下一点距离值）
指定下一点或 [圆弧(A)/闭合(C)/半宽(H)/长度(L)/放弃(U)/宽度(W)]:
```

知识拓展

多段线与直线的区别在于，首先多段线是一条连贯的线段；而直线不是。其次，多段线可以改变线宽，使起点和尾点的粗细不一，还有，多段线可绘制圆弧，直线不可以。最后，使用偏移命令时，直线和多段线的偏移对象也不相同，直线是偏移单线，多段线是偏移图形。

2. 编辑多段线

在图形设计的过程中，可以通过闭合、打开、移动、添加或删除单个顶点来编辑多段线，可以在任意两个顶点之间拉直多段线，也可以切换线型以便在每个顶点前或后显示虚线，还可以通过多段线创建线型近似样条曲线。用户可以通过以下方式进行多段线的编辑：

- 执行"修改"→"对象"→"多段线"命令。
- 鼠标双击多段线图形对象。
- 在命令行输入 PEDIT 命令并按回车键。

执行"修改"→"对象"→"多段线"命令，选择要编辑的多段线，就会弹出一个编辑菜单，用来编辑多段线。选择一条多段线和选择多条多段线，其对应的快捷菜单选项并不相同，如图 3-22、图 3-23 所示。

闭合(C)	闭合(C)
合并(J)	打开(O)
宽度(W)	合并(J)
编辑顶点(E)	宽度(W)
拟合(F)	拟合(F)
样条曲线(S)	样条曲线(S)
非曲线化(D)	非曲线化(D)
线型生成(L)	线型生成(L)
反转(R)	反转(R)
放弃(U)	放弃(U)

图 3-22 一条多段线编辑菜单　　图 3-23 多条多段线编辑菜单

绘图技巧

执行该选项进行连接时，欲连接的各相邻对象必须在形式上彼此已经首尾相连，否则，在选取各对象后 AutoCAD 就会提示：0 条线段已添加到多段线。

实战——绘制变电所标识

本案例将利用多段线、极轴追踪、图案填充等命令绘制变电所标识符号，其步骤如下。

Step 01 开启极轴追踪，设置追踪角度为 60°，执行"绘图"→"多段线"命令，单击确定起点，沿极轴辅助线移动光标，输入长度 100mm，如图 3-24 所示。

Step 02 按回车键后继续移动光标，沿极轴辅助线绘制等边三角形另外两条边，其边长为 100mm，如图 3-25 所示。

Step 03 继续执行"绘图"→"多段线"命令，单击确定起点，根据命令行提示输入 w 命令，如图 3-26 所示。

图 3-24 输入长度　　图 3-25 绘制等边三角形　　图 3-26 输入 w 命令

Step 04 按回车键后设置多段线起点及端点宽度为 2，再沿极轴辅助线移动光标，输入长度 25mm，如图 3-27 所示。

Step 05 继续移动光标绘制长度为 25mm 的转折图形，再设置起点和端点宽度分别为 6 和 0，移动光标并输入长度 10mm，如图 3-28 所示。

Step 06 按回车键后结束绘制，将其移动到等边三角形中，即可完成变电所标识图形的绘制，如图 3-29 所示。

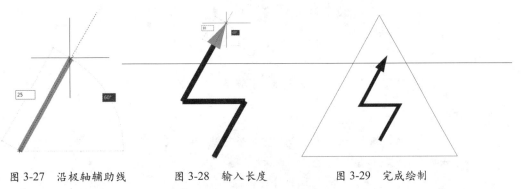

图 3-27 沿极轴辅助线　　图 3-28 输入长度　　图 3-29 完成绘制

3.2.3 绘制样条曲线

样条曲线是由一系列控制点控制，并在规定拟合公差之内拟合形成的光滑曲线。用户可以通过以下方式调用样条曲线命令：

- 执行"绘图"→"样条曲线"→"拟合点"/"控制点"命令。
- 在"默认"选项卡"绘图"面板中单击"样条曲线拟合" ⟋ 或"样条曲线控制点" ⟋ 按钮。
- 在命令行输入 SPLINE 并按回车键。

命令行提示如下：

```
命令：_SPLINE
当前设置：方式=拟合    节点=弦
指定第一个点或 [方式(M)/节点(K)/对象(O)]：_M
输入样条曲线创建方式 [拟合(F)/控制点(CV)] <拟合>：_FIT
当前设置：方式=拟合    节点=弦
指定第一个点或 [方式(M)/节点(K)/对象(O)]：
输入下一个点或 [起点切向(T)/公差(L)]：
输入下一个点或 [端点相切(T)/公差(L)/放弃(U)]：
输入下一个点或 [端点相切(T)/公差(L)/放弃(U)/闭合(C)]：
```

知识拓展

拟合公差是指样条曲线与输入点之间允许偏移距离的最大值。在绘制样条曲线时，绘出的样条曲线不一定会通过各个输入点，但对于有很多拟合点的样条曲线来说，使用拟合公差可以得到一条较为光滑的样条曲线。

在园林景观设计制图中，用户可利用样条曲线绘制道路、水体等图形，如图 3-30 所示。

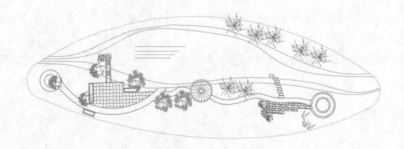

图 3-30　道路、水体图形

绘图技巧

选中样条曲线，利用出现的夹点可编辑样条曲线。单击夹点中三角符号可进行类型切换，如图 3-31 所示。

图 3-31　切换夹点类型

3.2.4　绘制修订云线

修订云线是由连续圆弧组成的多段线，用于在检查阶段提醒用户注意图形的某个部分，在园林制图中也可用于绘制植物图形。AutoCAD 2016 中分为矩形修订云线、多边形修订云线以及徒手画三种绘图方式。在检查或用红线圈阅图形时，可以使用修订云线功能亮显标记以提高工作效率。

用户可以通过以下方式调用修订云线命令：

- 执行"绘图"→"修订云线"命令。
- 在"默认"选项卡"绘图"面板中单击"修订云线"按钮◻，或单击其下三角按钮，在弹出的列表中选择相应选项。
- 在命令行输入 REVCLOUD 命令并按回车键。

命令行的提示如下：

```
命令：_revcloud
最小弧长：0.5　最大弧长：0.5　样式：普通
指定起点或 [弧长(A)/对象(O)/样式(S)] <对象>：
沿云线路径引导十字光标...
修订云线完成。
```

知识拓展

在绘制云线的过程中，使用鼠标单击沿途各点，也可以通过拖动鼠标自动生成。当开始和结束点接近时云线会自动封闭，并提示"云线完成"，此时生成的对象是多段线。

执行"修订云线"命令后，根据命令行提示输入 S 命令，在命令行中会出现"选择圆弧样式 [普通 (N)/ 手绘 (C)]"的提示内容，输入 N 命令按回车键后画出的云线是普通的单线形式，如图 3-32 所示；输入 C 命令按回车键后就是手绘状态，如图 3-33 所示。

图 3-32　修订云线普通样式　　　　图 3-33　修订云线手绘样式

3.2.5　徒手绘

在进行徒手绘图的时候，光标就是一个画笔，用户可以随意绘制图形。

徒手绘制用于创建不规则边界或使用数字化仪追踪绘图。用户若要进行徒手绘图操作，则需在命令行中输入 SKETCH 并按回车键。在绘图区中，指定一点为图形起点，其后移动光标即

可绘制图形，在绘图过程中，图形都显示为绿色。绘制完成后，单击鼠标左键退出，图形颜色恢复为当前颜色。若要再次绘制，则再次单击鼠标左键可进行绘制。图形绘制完成后按回车键，即可结束该操作。

命令行提示如下：

```
命令：SKETCH
类型 = 直线   增量 = 1.0000   公差 = 0.5000
指定草图或 [类型(T)/增量(I)/公差(L)]：
指定草图：
已记录 650 条直线。
```

绘图技巧

在绘制云线的过程中，除了系统自带的命令，直接绘制云线外，还可以将现有的矩形、三角形以及其他多边形转换成云线。其具体方法为：执行云线命令后，在命令行中输入 0，然后在绘图区中，选择要转换的多边形即可。

3.3 图形图案的填充

为了使绘制的图形更加丰富多彩，用户需要对封闭的图形进行图案填充，比如绘制园路、水池等施工图时都需要用到填充。

3.3.1 图案填充

图案填充是一种使用图形图案对指定的图形区域进行填充的操作。用户可以通过以下方式调用图案填充命令：

● 执行"绘图"→"图案填充"命令；
● 在"默认"选项卡"修改"面板中单击下三角按钮 修改 ▼ ，在弹出的列表中单击"编辑图案填充"按钮 ；
● 在命令行输入 H 命令。

要进行图案填充前，首先需要进行设置，用户既可以通过"图案填充创建"选项卡进行设置，如图 3-34 所示，又可以在"图案填充和渐变色"对话框中进行设置。

图 3-34 "图案填充创建"选项卡

用户可以使用以下方式打开"图案填充和渐变色"对话框，如图 3-35 所示。

● 执行"绘图"→"图案填充"命令，打开"图案填充"选项卡。在"选项"面板中单击"图案填充设置"按钮↘。

● 在命令行输入 H 命令，按回车键，再输入 T。

1. 类型

类型包括 3 个选项，若选择"预定义"选项，则可以使用系统填充的图案；若选择"用户定义"选项，则可以使用一组平行线或者相互垂直的两组平行线组成的图案；若选择"自定义"时，则可以使用自定义的图案。

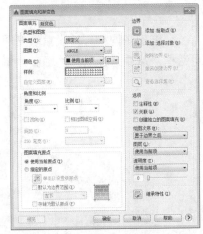

图 3-35　"图案填充和渐变色"对话框

2. 图案

单击"图案"下拉列表，即可选择图案名称，如图 3-36 所示。用户也可以单击"图案"右侧的◻按钮，在"填充图案选项板"对话框预览并选择填充图案，如图 3-37 所示。

图 3-36　图案列表

图 3-37　"填充图案选项板"对话框

3. 颜色

在"类型和图案"选项组"颜色"下拉列表中可指定颜色，如图 3-38 所示。若列表中并没有需要的颜色，可以选择"选择颜色"选项，打开"选择颜色"对话框，选择颜色，如图 3-39 所示。

图 3-38　设置颜色

图 3-39　"选择颜色"对话框

4. 样例

在样例中同样可以设置填充图案。单击"样例"列表框,如图 3-40 所示,弹出"填充图案选项板"对话框,从中选择需要的图案,单击"确定"按钮即可完成操作,如图 3-41 所示。

图 3-40 "样例"列表框

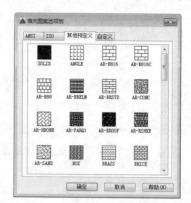

图 3-41 选择图案

5. 角度和比例

角度和比例用于设置图案的角度和比例,该选项组可以通过两个方面进行设置。

(1)设置角度和比例

当图案"类型"为"预定义"时,角度和比例是激活状态,"角度"是指填充图案的角度,"比例"是指填充图案的比例。在选项框中输入相应的数值,就可以设置线型的角度和比例,如图 3-42、图 3-43 所示为设置不同的角度和比例后的效果。

(2)设置间距和交叉线

当图案类型为"用户定义"选项时,用户可以设置图形间距,如图 3-44 所示为设置间距为100 的效果。勾选"双向"复选框时,平行的填充图案就会更改为垂直交叉的两组平行线填充图案。如图 3-45 所示为勾选"双向"复选框后的效果。

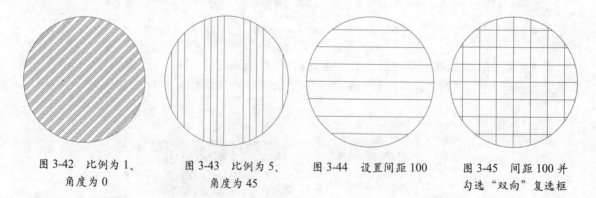

图 3-42 比例为1、   图 3-43 比例为5、   图 3-44 设置间距100   图 3-45 间距100 并
角度为0   角度为45   勾选"双向"复选框

6. 图案填充原点

许多图案填充需要对齐填充边界上的某一点。在"图案填充原点"选项组中就可以设置图案填充原点的位置。设置原点位置包括"使用当前原点"和"指定的原点"两种选项,如图 3-46所示。

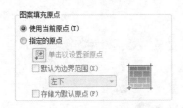

图 3-46 "图案填充原点"选项组

（1）使用当前原点

选择该选项，可以使用当前 UCS 的原点（0,0）作为图案填充的原点。

（2）指定的原点

选择该选项，可以自定义原点位置，即指定一点位置作为图案填充的原点。

- "单击以设置新原点"按钮可以在绘图区指定一点作为图案填充的原点；
- "默认为边界范围"选项可以填充边界的左上角、右上角、左下角、右下角和圆心作为原点；
- "存储为默认原点"选项可以将指定的原点存储为默认的填充图案原点。

7. 边界

该选项组主要用于选择填充图案的边界，也可以进行删除边界、重新创建边界等操作。

- "添加：拾取点"按钮：将拾取点任意放置在填充区域上，就会预览填充效果，如图 3-47 所示，单击鼠标左键，即可完成图案填充；
- "添加：选择对象"按钮：根据选择的边界填充图形，随着选择的边界增加，填充的图案面积也会增加，如图 3-48 所示；
- "删除边界"按钮：在利用拾取点或者选择对象定义边界后，单击"删除边界"按钮，可以取消系统自动选取或用户选取的边界，形成新的填充区域。

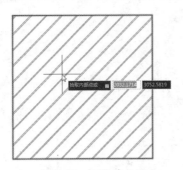

图 3-47 预览填充图案 图 3-48 选择边界效果

8. 选项

该选项组用于设置图案填充的一些附属功能，其中包括注释性、关联、创建独立的图案填充、绘图次序和继承特性等功能，如图 3-49 所示。

下面将对常用选项的含义进行介绍。

- 注释性：将图案填充为注释性。此特性会自动完成缩放注释过程，从而使注释能够以正确的大小在图纸上打印或显示。
- 关联：在未勾选"注释性"复选框时，"关联"处于激活状态，关联图案填充随边界的更改自动更新，而非关联的图案填充则不会随边界的更改而自动更新。
- 创建独立的图案填充：创建独立的图案填充，它不随边界的修改而修改图案填充。
- 绘图次序：该选项用于指定图案填充的绘图次序。
- 继承特性：将现有图案填充的特性应用到其他图案填充上。

9. 孤岛

孤岛是指定义好的填充区域内的封闭区域。在"图案填充和渐变色"对话框右下角单击"更多选项"按钮 ，即可打开更多选项界面，如图 3-50 所示。

图 3-49　"选项"选项组　　　　　　　　　图 3-50　更多选项界面

在"孤岛显示样式"面板中，"普通"是指从外部向内部填充，如果遇到内部孤岛，就断开填充，直到遇到另一个孤岛后，再进行填充，如图 3-51 所示。"外部"是指遇到孤岛后断开填充图案，不再继续向里填充，如图 3-52 所示。"忽略"是指系统忽略孤岛对象，所有内部结构都将被填充图案覆盖，如图 3-53 所示。

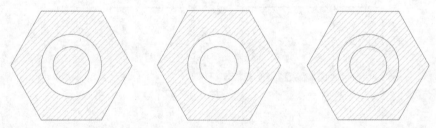

图 3-51　"普通"填充效果　　图 3-52　"外部"填充效果　　图 3-53　"忽略"填充效果

3.3.2　渐变色填充

渐变色填充是使用渐变颜色对指定的图形区域进行填充的操作，可创建单色或者双色渐变色。进行渐变色填充前，首先需要进行设置，用户既可以通过"图案填充创建"选项卡进行设置，如图 3-54 所示，又可以在"图案填充和渐变色"对话框中进行设置。

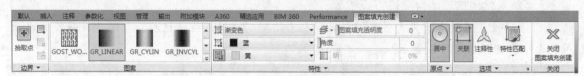

图 3-54　"图案填充创建"选项卡

在命令行输入 H 命令，按回车键，再输入 T，打开"图案填充和渐变色"对话框，切换到"渐变色"选项卡，如图 3-55、图 3-56 所示分别为单色渐变色的设置面板和双色渐变色的设置面板。

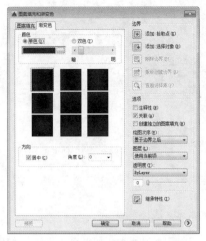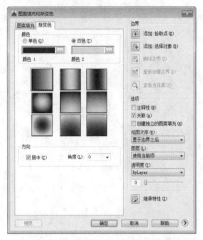

图 3-55　单色渐变色设置面板　　　　图 3-56　双色渐变色设置面板

实战——完善小游园平面图

本案例中将运用图案填充命令对小游园平面图进行填充操作，完善布置图，绘制步骤介绍如下：

Step 01　打开素材图形，如图 3-57 所示。

Step 02　执行"绘图"→"图案填充"命令，根据命令行提示输入命令 T，即可打开"图案填充和渐变色"对话框，如图 3-58 所示。

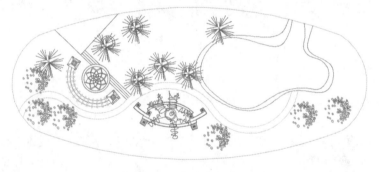

图 3-57　打开素材图形

Step 03　单击"样例"预览图案，打开"填充图案选项板"对话框，从中选择合适的图案，如图 3-59 所示，再单击"确定"按钮。

Step 04　返回到"图案填充和渐变色"对话框，设置角度和比例，如图 3-60 所示。

图 3-58　"图案填充和渐变色"对话框　　　图 3-59　选择图案　　　图 3-60　设置角度和比例

Step 05 单击 "确定" 按钮，在水体区域进行图案填充，如图 3-61 所示。

图 3-61 填充水体区域

Step 06 执行 "图案填充" 命令，选择图案 AR·CONC，设置比例为 10，填充沙滩区域，如图 3-62 所示。

图 3-62 填充沙滩区域

Step 07 继续执行 "图案填充" 命令，选择图案 GRAVEL，设置比例为 50，填充园路，完成本次操作，如图 3-63 所示。

图 3-63 填充园路

综合演练 绘制吊盆植物图形

实例路径： 实例 \CH03\ 综合演练 \ 绘制吊盆植物图形 .dwg
视频路径： 视频 \CH03\ 绘制吊盆植物图形 .avi

在学习了本章知识内容后，接下来通过具体案例练习来巩固所学的知识，即利用椭圆、圆弧、样条曲线等命令绘制吊盆植物图形，下面具体介绍绘制方法。

Step 01 执行"绘图"→"椭圆"命令，绘制一个长半径为 100mm、短半径为 15mm 的椭圆，如图 3-64 所示。

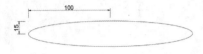

图 3-64 绘制椭圆

Step 02 执行"绘图"→"直线"命令，绘制长度为 120mm 的直线并移动到椭圆下方 95mm 的位置，如图 3-65 所示。

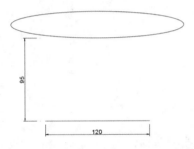

图 3-65 绘制直线

Step 03 执行"绘图"→"圆弧"命令，绘制一条弧线，再将其向一侧镜像复制，如图 3-66 所示。

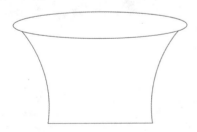

图 3-66 绘制并镜像圆弧

Step 04 执行"绘图"→"样条曲线"命令，绘制一条曲线并移动到合适的位置，如图 3-67 所示。

Step 05 复制样条曲线并继续绘制其他形状的曲线，如图 3-68 所示。

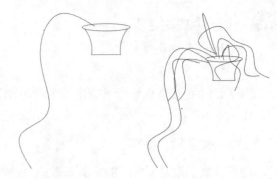

图 3-67 绘制样条线　图 3-68 绘制并复制样条线

Step 06 执行"绘图"→"椭圆"命令，绘制长半径为 21mm、短半径 7mm 的椭圆，作为叶子轮廓，如图 3-69 所示。

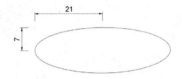

图 3-69 绘制椭圆

Step 07 执行圆弧、直线命令，绘制弧线和多条直线，作为叶子纹理，如图 3-70 所示。

图 3-70 绘制圆弧与直线

Step 08 复制并旋转叶子图形，将其均匀分布，如图 3-71 所示。

Step 09 最后再调整图形的线型及颜色，完成吊盆植物图形的绘制，如图 3-72 所示。

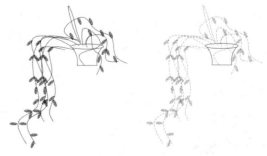

图 3-71 复制并旋转图形　图 3-72 调整图形特性

 上机操作

为了让读者能够更好地掌握本章所学习到的知识，在本小节列举几个针对于本章的拓展案例，以供读者练手。

1. 绘制树木图形

利用直线、修订云线、图案填充等命令绘制如图 3-73 所示的树木图形。

图 3-73　绘制树木图形

⚠ **操作提示：**

Step 01 利用直线命令绘制树干、树枝，利用修订云线命令绘制树冠轮廓。

Step 02 利用图案填充命令填充树冠区域，再删除轮廓线。

2. 绘制造型亭小场景

绘制如图 3-74 所示的造型亭场景图形。

图 3-74　绘制造型亭场景

⚠ **操作提示：**

Step 01 利用圆弧命令绘制造型亭图形，利用多段线命令绘制步道。

Step 02 添加植物图形。

第4章

编辑园林二维图形

绘制二维图形后，用户可以对其做进一步的编辑操作，以更加完美地将图纸呈现出来。在编辑图形之前，首先要选择图形，然后再进行编辑。因此本章将对图形变换、形状修改等知识内容进行逐一介绍。通过对本章内容的学习，用户可熟悉并掌握二维图形的一系列编辑操作。

知识要点

▲ 图形的基本变换　　　　　　　▲ 图形形状的修改
▲ 图形对象的复制

4.1 图形的基本变换

在绘制二维图形时，有时会遇到图形方向、大小、尺寸等不合理的状况，这时就需要利用移动、旋转、缩放等命令对图形对象进行调整和优化。

4.1.1 移动图形

移动对象是指图形对象的重新定位。用户可以在指定方向上按指定距离移动对象，移动后的对象在图纸上的位置发生了改变，但方向和大小不变。

如图 4-1、图 4-2 所示，利用移动命令拉近了人物的距离。

图 4-1　移动前　　　　　　　图 4-2　移动后

用户可以通过以下方式进行移动操作：

- 执行"修改"→"移动"命令。
- 在"默认"选项卡"修改"面板单击"移动"按钮⊕。
- 在命令行输入 MOVE 命令并按回车键。

命令行提示如下：

```
命令：_move
选择对象：找到 1 个
选择对象：
指定基点或 [位移(D)] <位移>：
指定第二个点或 <使用第一个点作为位移>：
```

4.1.2　旋转图形

旋转对象就是按指定的基点和旋转角度对指定对象进行旋转操作，以改变对象的方向。用户可以用以下方式旋转图形：

- 执行"修改"→"旋转"命令。
- 在"默认"选项卡"修改"面板单击"旋转"按钮○。
- 在命令行输入 ROTATE 命令并按回车键。

命令行提示如下：

```
命令：_rotate
UCS 当前的正角方向：　ANGDIR=逆时针　ANGBASE=0
选择对象：找到 1 个
选择对象：
指定基点：
指定旋转角度，或 [复制(C)/参照(R)] <0>：
```

执行"修改"→"旋转"命令，选择图形对象后指定旋转基点，再输入相应的角度即可进行旋转操作，如图 4-3、图 4-4 所示为文字注释旋转前后的效果。

图 4-3　文字旋转前　　　　　　　　图 4-4　文字旋转后

4.1.3　缩放图形

缩放对象是按指定的比例因子，放大或缩小指定的图形。在绘图过程中常常会遇到图形比例不合适的情况，这时就可以利用缩放工具。缩放图形对象是将图形相对指定的基点进行缩放，同时也可以进行多次复制。如图 4-5、图 4-6 所示为树木图形缩放前后的效果。

图 4-5　缩放前　　　　　　　　图 4-6　缩放后

用户可以通过以下方式调用缩放命令：

● 执行"修改"→"缩放"命令。

● 单击"默认"选项卡中"修改"面板中的"缩放"按钮。

● 在命令行输入 SCALE 命令并按回车键。

命令行提示如下：

```
命令：SCALE
选择对象：指定对角点：找到 1 个
选择对象：
指定基点：
指定比例因子或 [复制(C)/参照(R)]：1.5
```

4.2　图形对象的复制

在一张图纸中，往往有一些相同的图形，巧妙地运用复制等命令，可快速地绘制图形。本小节将讲解 AutoCAD 中提供的几种复制图形的方法，其中包括镜像图形、偏移图形、阵列图形。

4.2.1　复制图形

在绘图过程中，经常会出现一些相同的图形，如果将图形一个个进行重复绘制，工作效率显然会很低。AutoCAD 提供了复制命令，可以将任意复杂的图形复制到视图中任意位置，如图 4-7、图 4-8 所示。

用户可以通过以下方式进行复制操作：

● 执行"修改"→"复制"命令。

● 在"默认"选项卡"修改"面板单击"复制"按钮。

● 在命令行输入 COPY 命令并按回车键。

命令行提示如下：

```
命令：_copy
选择对象：找到 1 个
```

```
选择对象:
当前设置:   复制模式 = 多个
指定基点或 [位移(D)/模式(O)] <位移>:
指定第二个点或 [阵列(A)] <使用第一个点作为位移>:
指定第二个点或 [阵列(A)/退出(E)/放弃(U)] <退出>:
```

图 4-7 植物图形   图 4-8 复制植物图形

4.2.2 镜像图形

　　镜像对象是将对象按指定的镜像线作对称复制操作,从而生成反方向的拷贝。该命令多用于对称图案的绘制,如图 4-9 所示即为镜像复制后的效果。

图 4-9 镜像复制效果

　　用户可以利用以下方法调用镜像形命令:

● 执行"修改"→"镜像"命令。

● 在"默认"选项卡"修改"面板中,单击"镜像"按钮。

● 在命令行输入 MIRROR 命令并按回车键。

　　命令行提示如下:

```
命令:_mirror
选择对象:找到 1 个
```

```
选择对象：
指定镜像线的第一点：
指定镜像线的第二点：
要删除源对象吗？[是(Y)/否(N)] <否>：
```

4.2.3 偏移图形

偏移命令用于创建造型与选定对象造型平行的新对象。偏移直线可以创建平行线，偏移圆和圆弧可以创建更大或更小的圆或圆弧，取决于向哪一侧偏移。该命令可操作的对象为直线、圆弧、圆、椭圆和椭圆弧、二维多段线、构造线、射线以及样条曲线。

如图 4-10 所示为偏移过的直线、圆弧以及正方形。

图 4-10　偏移图形

用户可以通过以下方式调用偏移命令：

- 执行"修改"→"偏移"命令。
- 在"默认"选项卡"修改"面板单击"偏移"按钮 。
- 在命令行输入 OFFSET 命令并按回车键。

命令行提示如下：

```
命令：_offset
当前设置：删除源=否  图层=源  OFFSETGAPTYPE=0
指定偏移距离或 [通过(T)/删除(E)/图层(L)] <20.0000>: 150
选择要偏移的对象，或 [退出(E)/放弃(U)] <退出>：
指定要偏移的那一侧上的点，或 [退出(E)/多个(M)/放弃(U)] <退出>：
```

实战——绘制植草砖大样图

下面利用矩形、偏移、旋转、修剪等命令绘制植草砖大样图，绘制步骤介绍如下。

Step 01 执行"绘图"→"矩形"命令，绘制长 490mm、宽 200mm 的矩形，如图 4-11 所示。

Step 02 执行"修改"→"偏移"命令，将矩形向内偏移 55mm，如图 4-12 所示。

图 4-11　绘制矩形　　　　图 4-12　偏移图形

Step 03 执行"修改"→"旋转"命令，选择矩形，捕捉几何中心为旋转基点，根据命令行提示输入命令 C，如图 4-13 所示。

Step 04 按回车键后，单击鼠标即可旋转复制图形，如图 4-14 所示。

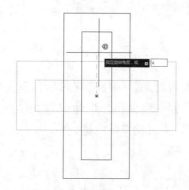

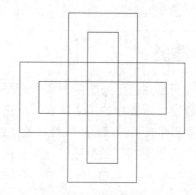

图 4-13　捕捉基点并复制　　　　图 4-14　复制旋转结果

Step 05 继续执行旋转命令，将图形旋转 45°，如图 4-15 所示。

Step 06 执行"绘图"→"矩形"命令，绘制 400mm×400mm 的矩形，并对齐到几何中心，如图 4-16 所示。

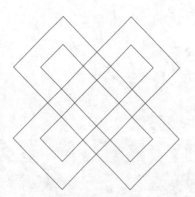

图 4-15　旋转图形　　　　　图 4-16　绘制并对齐矩形

Step 07 执行"修改"→"修剪"命令，修剪图形，如图 4-17 所示。

Step 08 最后为图形添加尺寸标注、引线标注及图示说明，完成图形的绘制，如图 4-18 所示。

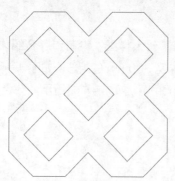

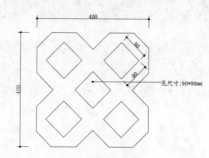

植草砖大样图

图 4-17　修剪图形　　　　　图 4-18　添加尺寸及文字标注

4.2.4 阵列图形

阵列图形是一种有规则的复制图形命令，当绘制的图形需要按照指定的数量进行分布时，就可以使用阵列图形命令解决。阵列图形包括矩形阵列、环形阵列和路径阵列 3 种。

用户可以通过以下方式调用阵列命令：

● 执行"修改"→"阵列"命令的子命令，如图 4-19 所示。

● 在"默认"选项卡"修改"面板中，单击"阵列"的下三角按钮选择阵列方式，如图 4-20 所示。

● 在命令行输入 AR 命令并按回车键。

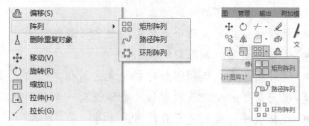

图 4-19　菜单栏命令　　　图 4-20　功能区命令按钮

1. 矩形阵列

矩形阵列是指图形呈矩形结构阵列。执行矩形阵列命令后，功能区中会出现相应的设置选项，如图 4-21 所示。

图 4-21　矩形阵列设置面板

用户也可以按照命令行中的相关提示进行设置操作。命令行中的选项含义如下。

● 关联：指定阵列中的对象是关联的还是独立的。

● 基点：指定需要阵列基点和基点的位置。

● 计数：指定行数和列数，并可以动态观察变化。

● 间距：指定行间距和列间距并使用在移动光标时可以动态观察结果。

● 列数：编辑列数和列间距。"列数"阵列中图形的列数，"列间距"每列之间的距离。

● 行数：指定阵列中的行数、行间距和行之间的增量标高。"行数"阵列中图形的行数，"行间距"指定各行之间的距离，"总计"起点和端点行数之间的总距离，"增量标高"用于设置每个后续行的增大或减少。

● 层数：指定阵列图形的层数和层间距，"层数"用于指定阵列中的层数，"层间距"用于 Z 标值中指定每个对象等效位置之间的差值。"总计"在 Z 坐标值中指定第一个和最后一个层中对象等效位置之间的总差值。

● 退出：退出阵列操作。

2. 环形阵列

环形阵列是指图形呈环形结构阵列。环形阵列需要指定有关参数，在执行环形阵列后，功能区中会显示关于环形阵列的选项，如图 4-22 所示。

图 4-22 环形阵列设置面板

在命令行中，一些主要选项的含义如下：

● 基点：指定环形阵列的围绕点；
● 旋转轴：指定由两个点定义的自定义旋转轴；
● 项目：指定阵列图形的数值；
● 项目间角度：阵列图形对象和表达式指定项目之间的角度；
● 填充角度：指定阵列中第一个和最后一个图形之间的角度；
● 旋转项目：控制是否旋转图形本身。

3. 路径阵列

路径阵列是图形根据指定的路径进行阵列，路径可以是曲线、弧线、折线等线段，如图 4-23 所示为利用路径阵列制作的步道效果。

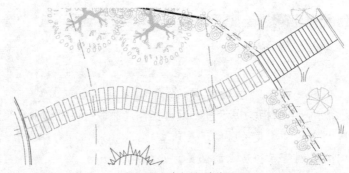

图 4-23 路径阵列效果

执行路径阵列命令后，功能区会显示关于路径阵列的相关选项，如图 4-24 所示。

图 4-24 路径阵列设置面板

下面将对命令行中的一些选项的含义进行介绍：

● 路径曲线：指定用于阵列的路径对象；
● 方法：指定阵列的方法包括定数等分和定距等分两种；
● 切向：指定阵列的图形如何相对于路径的起始方向对齐；
● 项目：指定图形数和图形对象之间的距离。"沿路径项目数"用于指定阵列图形数，"沿路径项目之间的距离"用于指定阵列图形之间的距离；
● 对齐项目：控制阵列图形是否与路径对齐；
● Z 方向：控制图形是否保持原始 Z 方向或沿三维路径自然倾斜。

实战——绘制花架图形

本案例将利用环形阵列功能绘制出花架图
形，具体绘制步骤介绍如下。

Step 01 打开已有的亭子素材图形，如图 4-25
所示。

Step 02 执行"绘图"→"直线"命令，捕捉中
心绘制一条长 10000mm 的直线，再执行"修
改"→"镜像"命令，将亭子图形向另一侧镜像复制，
如图 4-26 所示。

Step 03 执行"绘图"→"圆弧"命令，绘制一条弧线，
如图 4-27 所示。

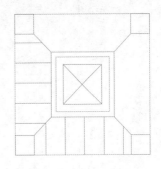

图 4-25　打开亭子图形

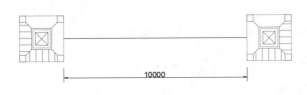

图 4-26　镜像复制图形

图 4-27　绘制圆弧

Step 04 执行"修改"→"偏移"命令，将圆弧向两侧偏移 750mm，再修剪图形，如图 4-28 所示。

Step 05 执行"绘图"→"矩形"命令，绘制 2200mm×300mm 的矩形，将其居中对齐到圆弧，如图 4-29
所示。

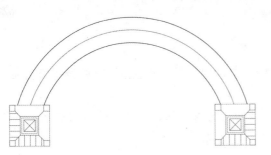

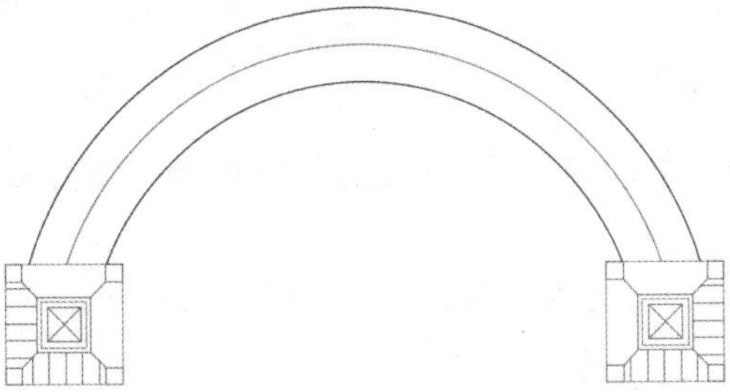

图 4-28　偏移图形

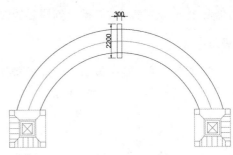

图 4-29　绘制矩形

Step 06 选择矩形，执行"修改"→"阵列"→"环形阵列"命令，以圆弧的圆心为阵列中心，在"阵列创建"
选项卡中设置"项目数"为 34，如图 4-30 所示。

默认	插入	注释	参数化	视图	管理	输出	附加模块	A360	精选应用	BIM 360	Performance		阵列创建		▲ ▼	
	项目数：	34		行数：	1		级别：	1								
极轴	介于：	11		介于：	3300		介于：	1	关联	基点	旋转项目	方向	关闭 阵列
	填充：	360		总计：	3300		总计：	1					
类型		项目			行 ▼			层级			特性		关闭

图 4-30　环形阵列设置面板

Step 07 环形阵列效果如图 4-31 所示。

Step 08 将阵列复制出的图形分解，再删除多余图形，即可完成花架图形的绘制，如图 4-32 所示。

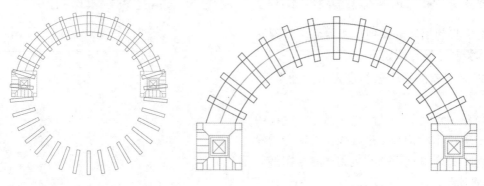

图 4-31　环形阵列效果　　　　图 4-32　完成绘制

4.3　图形形状的修改

使用基本绘图命令，不可能直接绘制出需要的图形，这时就需要执行修改相关命令对绘制好的对象进行必要的修改。本小节中将讲解 AutoCAD 提供的一系列修改命令。

4.3.1　修剪与延伸图形

AutoCAD 提供的修剪与延伸命令都是为了使两个图形能够准确地相接。在绘制过程，如果绘制每一个对象都要先精确定位起点，再输入坐标进行绘制，就大大影响了工作效率。使用修剪与延伸命令可以快速而准确地达到需要的效果。

1. 修剪命令

修剪命令是将某一对象设为剪切边修剪其他对象。用户可以通过以下方式调用修剪命令：

● 执行"修改"→"修剪"命令。

● 在"默认"选项卡中，单击"修改"面板的下三角按钮，在弹出的列表中单击"修剪"按钮 -/-。

● 在命令行输入 TRIM 命令并按回车键。

命令行提示如下：

```
命令: _trim
当前设置:投影=UCS，边=无
选择剪切边...
选择对象或 <全部选择>:  找到 1 个
选择对象:
选择要修剪的对象，或按住 Shift 键选择要延伸的对象，或
[栏选(F)/窗交(C)/投影(P)/边(E)/删除(R)/放弃(U)]:
```

2. 延伸命令

延伸命令会将指定的图形延伸到指定的边界。用户可以通过以下方式调用延伸命令：

- 执行"修改"→"延伸"命令。
- 在"默认"选项卡"修改"面板中单击"延伸"按钮-->/ ▾。
- 在命令行输入 EXTEND 命令并按回车键。

命令行提示如下：

```
命令: _extend
当前设置:投影=UCS,边=无
选择边界的边...
选择对象或 <全部选择>: 找到 1 个
选择对象:
选择要延伸的对象,或按住 Shift 键选择要修剪的对象,或
[栏选(F)/窗交(C)/投影(P)/边(E)/放弃(U)]:
```

实战——绘制树池平面图

下面将利用偏移、阵列、修剪等命令绘制树池平面图形，具体绘制步骤介绍如下。

Step 01 执行圆命令，绘制半径为 1140mm 的圆，如图 4-33 所示。

Step 02 执行"修改"→"偏移"命令，设置偏移尺寸为380mm，将圆向内进行偏移操作，如图 4-34 所示。

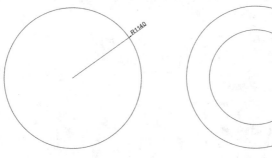

图 4-33 绘制圆　　　图 4-34 偏移图形

Step 03 执行矩形命令，绘制尺寸为 120mm×400mm 的矩形，放置到合适的位置，如图 4-35 所示。

Step 04 执行"修改"→"拉伸"命令，将矩形的上边拉伸为长度190mm，如图 4-36 所示。

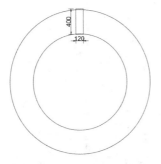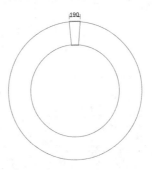

图 4-35 绘制矩形　　　图 4-36 拉伸图形

Step 05 选择矩形，执行"修改"→"阵列"→"环形"命令，指定圆心为阵列中心，在"阵列创建"选项卡中设置参数，如图 4-37 所示。

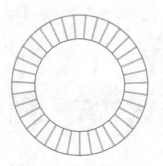
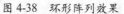

图 4-37　环形阵列参数

Step 06 阵列最终效果如图 4-38 所示。

Step 07 执行"修改"→"修剪"命令，修剪被覆盖的图形，完成树池平面图的绘制，如图 4-39 所示。

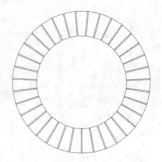

图 4-38　环形阵列效果　　　　图 4-39　修剪图形

4.3.2　拉伸图形

拉伸图形就是通过窗选或者栏选的方式拉伸对象，注意某些对象类型（如圆、椭圆和块）无法进行拉伸操作。用户可以通过以下方式调用拉伸命令：

- 执行"修改"→"拉伸"命令。
- 在"默认"选项卡"修改"面板单击"拉伸"按钮。
- 在命令行输入 STRETCH 命令并按回车键。

命令行提示如下：

```
命令：_stretch
以交叉窗口或交叉多边形选择要拉伸的对象...
选择对象：指定对角点：找到 1 个
选择对象：
指定基点或 [位移(D)] <位移>：
指定第二个点或 <使用第一个点作为位移>：
```

如图 4-40、图 4-41 所示为拉伸前后的效果。

图 4-40　拉伸前　　　　图 4-41　拉伸后

4.3.3 倒角和圆角

倒角和圆角可以修饰图形，对于两条相邻边界多出的线段，使用倒角和圆角命令都可以进行修剪。倒角是对图形相邻的两条边进行修饰，圆角则是根据指定圆弧半径来进行倒角，如图4-42和图4-43所示分别为倒角和圆角操作后的效果。

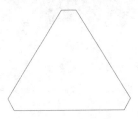 

图 4-42　倒角三角图形　　　　　图 4-43　圆角三角图形

1. 倒角

执行倒角命令可以将绘制的图形进行倒角，既可以修剪多余的线段，还可以设置图形中两条边的倒角距离和角度。用户可以通过以下方式调用倒角命令：

● 执行"修改"→"倒角"命令；
● 在"默认"选项卡"修改"面板中单击"倒角"按钮◢·；
● 在命令行输入 CHA 命令并按回车键。

执行倒角命令后，命令行提示如下：

```
命令：_chamfer
("修剪"模式) 当前倒角距离 1 = 0.0000，距离 2 = 0.0000
选择第一条直线或 [放弃(U)/多段线(P)/距离(D)/角度(A)/修剪(T)/方式(E)/多个(M)]：
```

2. 圆角

圆角和倒角类似，是用一段圆弧在两个对象之间光滑连接，这些对象可以是直线、圆弧、构造线、射线、多段线和样条曲线。用户可以通过以下方式调用圆角命令：

● 执行"修改"→"倒角"命令。
● 在"默认"选项卡"修改"面板中单击"圆角"按钮◢·。
● 在命令行输入 F 命令并按回车键。

执行圆角命令后，命令行提示如下：

```
命令：_fillet
当前设置：模式 = 修剪，半径 = 0.0000
选择第一个对象或 [放弃(U)/多段线(P)/半径(R)/修剪(T)/多个(M)]：
```

4.3.4 分解图形

分解命令可以将块、填充图案、尺寸标注和多边形分解成一个个简单的图形，也可以将多段线分解成独立、简单的直线和圆弧对象。块和尺寸标注分解后，图形不变，但由于图层的变化，某些实体的颜色和线型可能会发生变化，如图4-44、图4-45所示为植物图块分解前后的选择效果。

图 4-44 植物图块

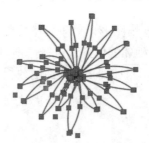
图 4-45 分解效果

用户可以通过以下方式调用分解命令：
- 执行"修改"→"分解"命令。
- 在"默认"选项卡中，单击"修改"面板的下三角按钮，在弹出的列表中单击"分解"按钮 🔲。
- 在命令行输入 EXPLODE 命令并按回车键。

执行分解命令后，命令行提示如下：

```
命令：_explode
选择对象:找到一个
选择对象:
```

4.3.5 打断图形

在建筑绘图中，很多复杂的图形都需要进行打断操作。打断图形是指将图形剪切和删除。用户可以通过以下方式调用打断命令：
- 执行"修改"→"打断"命令。
- 在"默认"选项卡中，单击"修改"面板的下三角按钮，在弹出的列表中单击打断按钮 🔳。
- 在命令行输入 BREAK 命令并按回车键。

执行打断命令后，命令行提示如下：

```
命令：_break
选择对象:
指定第二个打断点 或 [第一点(F)]:
```

实战——绘制景观柱

下面利用矩形、直线、偏移、修剪等命令绘制一个景观柱图形，具体绘制步骤介绍如下。

Step 01 执行"绘图"→"矩形"命令，绘制一个 700mm×700mm 的矩形，再执行"修改"→"偏移"命令，将矩形向内偏移 60mm，如图 4-46 所示。

Step 02 将内部矩形分解，执行"修改"→"偏移"命令，偏移图形，如图 4-47 所示。

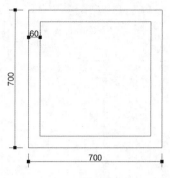

图 4-46　绘制并偏移矩形

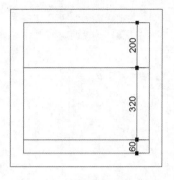

图 4-47　分解并偏移图形

Step 03 执行"绘图"→"直线"命令，捕捉绘制直线，如图 4-48 所示。

Step 04 执行"修改"→"修剪"命令，修剪图形并删除多余线条，如图 4-49 所示。

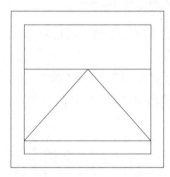

图 4-48　绘制直线

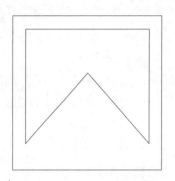

图 4-49　修剪并删除图形

Step 05 执行"修改"→"偏移"命令，将图形向内偏移 45mm，如图 4-50 所示。

Step 06 执行"修改"→"圆角"命令，设置圆角尺寸为 0，对图形进行圆角修剪，如图 4-51 所示。

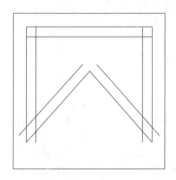

图 4-50　偏移图形

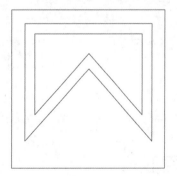

图 4-51　圆角操作

Step 07 执行"绘图"→"直线"命令，捕捉矩形边线中心，绘制一条长为 1550mm 的直线，再执行"修改"→"偏移"命令，将直线向两侧进行偏移，如图 4-52 所示。

Step 08 向下复制图形，再删除多余的直线，如图 4-53 所示。

Step 09 将矩形分解，执行"修改"→"偏移"命令，将边线向下偏移 120mm，如图 4-54 所示。

Step 10 执行"修改"→"修剪"命令，修剪图形，如图 4-55 所示。

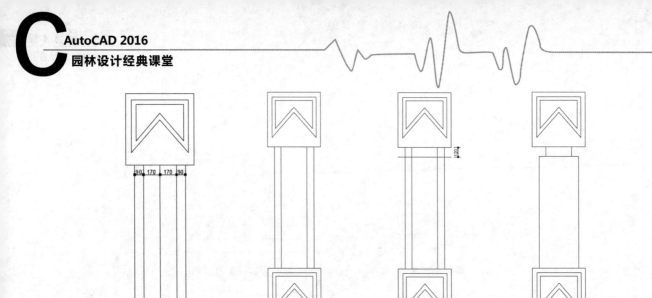

图 4-52　绘制并偏移直线　图 4-53　复制并删除图形　　图 4-54　偏移图形　　图 4-55　修剪图形

Step 11 执行"绘图"→"矩形"命令，分别绘制两个尺寸为880mm×50mm和950mm×120mm的矩形，移动到合适的位置，如图 4-56 所示。

Step 12 执行"修改"→"复制"命令，将矩形向下进行复制，如图 4-57 所示。

Step 13 执行"修改"→"修剪"命令，修剪图形，完成景观柱图形的绘制，如图 4-58 所示。

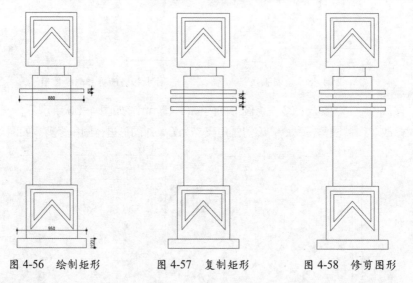

图 4-56　绘制矩形　　　　图 4-57　复制矩形　　　　图 4-58　修剪图形

4.3.6　删除图形

删除图形对象操作是图形编辑操作中最基本的操作。用户可以通过以下方式调用删除命令：

● 执行"修改"→"删除"命令；
● 在"默认"选项卡"修改"面板中，单击"删除"按钮；
● 在命令行输入 ERASE 命令并按回车键；
● 在键盘上按 DELETE 键。

综合演练　绘制广场铺装平面图

实例路径：实例 \CH04\ 综合演练 \ 绘制广场铺装平面图 .dwg

视频路径：视频 \CH04\ 绘制广场铺装平面图 .avi

在学习了本章知识内容后，接下来通过具体的案例练习来巩固所学的知识，利用偏移、阵列、修剪、图案填充等命令绘制一个圆形的广场铺装平面图，具体绘制方法介绍如下。

Step 01 执行"绘图"→"圆"命令，绘制半径为 1550mm 的圆，如图 4-59 所示。

Step 02 执行"修改"→"偏移"命令，将圆向内依次进行偏移操作，如图 4-60 所示。

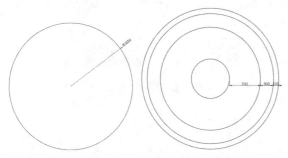

图 4-59　绘制圆　　图 4-60　偏移图形

Step 03 执行"绘图"→"直线"命令，捕捉象限点绘制一条直线，如图 4-61 所示。

Step 04 选择直线，执行"修改"→"阵列"→"环形"命令，指定圆心为阵列中心，在"阵列"参数面板中设置"项目数"为 10，"介于"值为 20，"填充"角度为 180°，如图 4-62 所示。

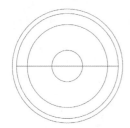

图 4-61　绘制直线　　图 4-62　设置环形阵列参数

Step 05 设置完成后单击"关闭阵列"按钮，完成阵列操作，如图 4-63 所示。

Step 06 执行"绘图"→"多段线"命令，捕捉交点绘制一条多段线，如图 4-64 所示。

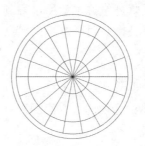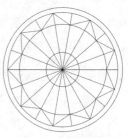

图 4-63　阵列效果　　图 4-64　绘制多段线

Step 07 将阵列图形分解，执行"修改"→"修剪"命令，修剪并删除图形，如图 4-65 所示。

Step 08 执行"绘图"→"图案填充"命令，选择图案 DOTS，设置比例为 10，选择并填充图案，如图 4-66 所示。

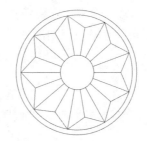

图 4-65　修剪并删除图形　　图 4-66　图案填充

Step 09 最后为图形添加尺寸标注和引线标注，完成图形的绘制，如图 4-67 所示。

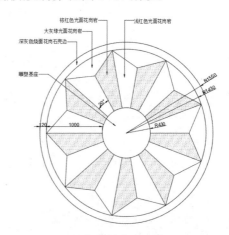

图 4-67　完成绘制

上机操作

为了让读者能够更好地掌握本章所学习到的知识，在本小节列举几个针对于本章的拓展案例，以供读者练手。

1．绘制合欢树池立面图形

绘制如图 4-68 所示的合欢树池立面图形。

⚠ 操作提示：

Step 01　利用直线、偏移、修剪等命令绘制树池造型。

Step 02　填充树池图案。

Step 03　添加树木及人物立面图。

2．绘制亭子顶面图形

利用矩形、旋转、偏移、修剪、图案填充等命令绘制如图 4-69 所示的亭子顶面图形。

⚠ 操作提示：

Step 01　利用矩形、偏移命令绘制亭子顶面轮廓并修剪图形。

Step 02　利用图案填充命令填充顶面区域。

图 4-68　绘制合欢树池立面图形

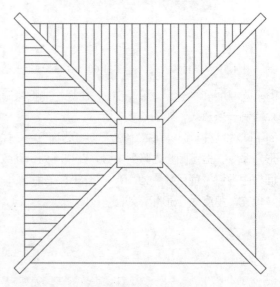

图 4-69　绘制亭子顶面图形

第5章

AutoCAD 辅助绘图知识

在绘图过程中，灵活地利用辅助工具，可轻松、快捷地绘制一些较为复杂的图形。本章将向读者介绍 AutoCAD 辅助工具的使用操作。其中包括坐标系的设置、图形显示的控制、图形捕捉功能的应用以及图层的设置与管理。通过对本章内容的学习，希望读者能够学以致用到以后的绘图中，从而提高其绘图效率。

知识要点

- ▲ 坐标系
- ▲ 图形的显示
- ▲ 图形的选择方式

- ▲ 设置与编辑夹点
- ▲ 精确辅助绘图工具
- ▲ 图层的设置与管理

5.1 坐标系

任意物体在空间中的位置都是通过一个坐标系来定位的。在 AutoCAD 的图形绘制中，是通过坐标系来确定相应图形对象的位置，坐标系是确定对象位置的基本手段。理解各种坐标系的概念，掌握坐标系的创建以及正确的坐标数据输入方法，是学习 CAD 制图的基础。

5.1.1 点坐标

在 AutoCAD 中，坐标系可分为世界坐标系（WCS）和用户坐标系（UCS）。按照坐标值参照点的不同，可分为绝对坐标系和相对坐标系；按照坐标轴的不同还可以分为直角坐标系和极坐标系。

（1）绝对直角坐标。

绝对直角坐标是从点（0,0）或（0,0,0）进行移动，可以使用整数、小数等形式来表示点的 X、Y、Z 轴坐标值。坐标间需要用逗号隔开，例如（5,10,0）或（12,0,8）等。

（2）绝对极坐标。

绝对极坐标同样也是从坐标原点（0,0）或（0,0,0）进行移动，但它是使用距离和角度进行定位的，其中距离和角度之间用小于号进行分隔，同时 X 轴正方向为 0°，Y 轴正方向为 90°。例如（200<90°）或（500<60°）等。

（3）相对直角坐标。

相对直角坐标是指对于某一点的 X 轴和 Y 轴进行移动的。它同样是使用整数或小数的形式进行定位的，但与绝对直角坐标不同的是，在数值前需输入"@"相对符号。例如（@500，90）或（@-600,60）等。

（4）相对极坐标。

相对极坐标通过用相对于某一特定点的位置和偏移角度来表示。相对极坐标是以上一次操作点为极点，进行定位的。例如（@100<60°）或（@60<30°）等，其中"@"表示相对，100表示相对于上一次操作点的位置，30表示角度。

5.1.2 创建坐标系

坐标系是可变动的，它需根据作图需要，来进行更改创建。用户可以通过以下几种方式来创建坐标系：

- 执行"工具"→"新建 UCS"命令，根据需求创建合适的坐标。
- 在命令行中输入 UCS 命令，根据需求设置坐标。

若用户需更改当前坐标系，可执行菜单栏中的"工具"→"新建 UCS"命令，根据需求创建合适的坐标。如图 5-1、图 5-2 所示为原始坐标系下创建的圆柱体和新创建的坐标系下创建的圆柱体。

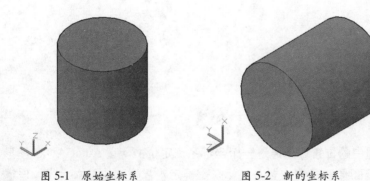

图 5-1 原始坐标系　　　　　图 5-2 新的坐标系

命令行提示如下：

```
命令：UCS
当前 UCS 名称：*没有名称*
指定 UCS 的原点或 [面(F)/命名(NA)/对象(OB)/上一个(P)/视图(V)/世界(W)/X/Y/Z/Z 轴(ZA)] <世界>：
指定 X 轴上的点或 <接受>：
指定 XY 平面上的点或 <接受>：
```

实战——改变坐标系原点

本案例中将介绍坐标系原点的创建，操作步骤如下。

Step 01 随意绘制一个矩形，如图 5-3 所示。

Step 02 执行"工具"→"新建 UCS"→"原点"命令，根据命令行提示指定一点为新的原点，如图 5-4 所示。

Step 03 单击鼠标确认新原点，如图 5-5 所示。

图 5-3　绘制一个矩形　　　　图 5-4　指定新的原点　　　　图 5-5　新坐标原点

5.2　图形的显示

为了绘图的方便，用户可以适当地更改图形的显示方式，通过更改图形的显示，可以使用户方便绘图。图形的显示设置包括缩放图形、平移图形、平铺视口。

5.2.1　缩放视图

缩放视图可以放大或缩小图形的显示尺寸，而不改变图形的实际尺寸。用户可以通过以下方式缩放视图：

- 执行"视图"→"缩放"→"放大"/"缩小"命令。
- 执行"工具"→"工具栏"→"AutoCAD"→"缩放"命令，在弹出的工具栏中单击"放大"和"缩小"按钮。
- 在命令行输入 ZOOM 并按回车键。

命令行的提示如下：

```
命令：ZOOM
指定窗口的角点，输入比例因子 (nX 或 nXP)，或者
[全部(A)/中心(C)/动态(D)/范围(E)/上一个(P)/比例(S)/窗口(W)/对象(O)] <实时>：a
正在重生成模型。
```

调用放大命令后，即可放大图纸在视口中的显示，如图 5-6、图 5-7 所示。

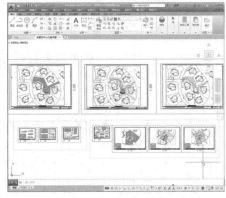

图 5-6　视图显示

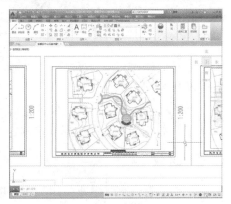

图 5-7　放大视图

5.2.2 平移视图

使用平移视图命令可以在视口中改变图形的显示区域，以便清楚地观察图形的其他部分。用户可以通过以下方式平移视图：

- 执行"视图"→"平移"→"左"命令（也可以上、下和右方向）。
- 执行"工具"→"工具栏"→"AutoCAD"→"平移"命令。
- 在命令行输入 PAN 命令。
- 按住鼠标滚轮进行拖动。

除了以上所述方法，用户还可以通过"实时"和"点"命令来平移视图。具体功能介绍如下：

- 实时：当使用实时后，鼠标会变成黑色手掌的形状🖐，用户按照鼠标左键，将图形拖动到需要拖动的位置，释放鼠标后，将完成平移视图操作；
- 点：通过指定的基点和位移指定平移视图的位置。

5.2.3 平铺视口

在绘图过程中，有时用户需要将图形局部放大进行绘制，同时还需要观察图形的整体效果，如果使用一个视口，就无法满足用户的需求。平铺视口是指将绘图区窗口分成若干矩形区域，每一个区域都是一个独立的窗口，称为视口，用户可在不同的视口中查看图形的不同部分。可以通过以下方式创建视口：

- 执行"视图"→"视口"→"新建视口"命令，在打开的"视口"对话框中可设置视口的显示个数，如图 5-8 所示。
- 在"视图"选项卡"模型视口"面板中，单击"视口配置"下拉按钮，可直接设置视口的显示个数。
- 在命令行输入 VPORTS 命令。

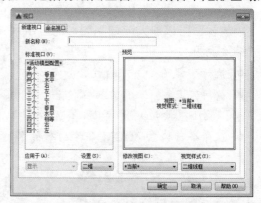

图 5-8　"视口"对话框

5.3 图形的选择方式

在 AutoCAD 中，准确选择目标是进行图形编辑的基础，要进行图形编辑，必须准确无误地明确要编辑的对象。

选择对象是整个绘图工作的基础。在进行图形编辑操作时，就需先选中要编辑的图形。在 AutoCAD 软件中，选取图形有多种方法，如逐个选取、框选、围选、快速选取等。

1. 逐个选取

当需要选择某对象时，用户在绘图区中直接单击该对象，当图形四周出现夹点形状时，即被选中，当然也可进行多选，如图 5-9、图 5-10 所示。

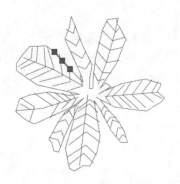
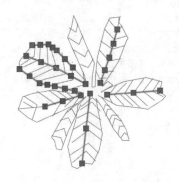

图 5-9　选择一个图形对象　　　　图 5-10　选择多个图形对象

2. 框选

　　除了逐个选择的方法外,还可以进行框选。框选的方法较为简单,在绘图区中,按住鼠标左键,拖动鼠标,直到所选择图形对象已在虚线框内,放开鼠标,即可完成框选。

　　框选方法分为两种:从右至左框选和从左至右框选。当从右至左框选时,在图形中所有被框选到的对象以及与框选边界相交的对象都会被选中,如图 5-11、图 5-12 所示。

　　当从左至右框选时,所框选图形全部被选中,但与框选边界相交的图形对象则不被选中,如图 5-13、图 5-14 所示。

图 5-11　从右至左框选　　图 5-12　选择效果　　图 5-13　从左至右框选　　图 5-14　选择效果

3. 围选

　　使用围选的方式来选择图形,其灵活性较大。它可通过不规则图形围选所需选择图形。而围选的方式可分为两种,分别为圈选和圈交。

　　(1)圈选。

　　圈选是一种多边形窗口选择方法,其操作与框选的方式相似。用户在要选择图形任意位置指定一点,其后在命令行中,输入"WP"按回车键,并在绘图区中指定其他拾取点,通过不同的拾取点构成任意多边形,在该多边形内的图形将被选中,选择完成后,按回车键即可,如图 5-15、图 5-16 所示。

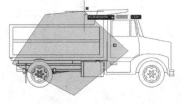

图 5-15　圈选　　　　　　　图 5-16　圈选效果

（2）圈交。

圈交与窗交方式相似。它是绘制一个不规则的封闭多边形作为交叉窗口来选择图形对象的。其完全包围在多边形中的图形与多边形相交的图形将被选中。用户只需在命令行中，输入"CP"回车即可进行选取操作，如图5-17、图5-18所示。

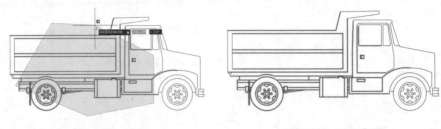

图 5-17　圈交　　　　　　　　　　　图 5-18　圈交效果

4. 快速选取

快速选择图形可使用户快速选择具有特定属性的图形对象，如相同的颜色、线型、线宽等。根据图形的图层、颜色等特性创建选择集。

用户可在绘图区空白处，单击鼠标右键，在打开的快捷菜单中选择"快速选择"命令，可打开"快速选择"对话框进行快速选择的设置。

> **绘图技巧**
>
> 用户在选择图形过程中，可随时按 ESC 键，终止目标图形对象的选择操作，并放弃已选中的目标。在 AutoCAD 中，如果没有进行任何编辑操作时，按 Ctrl+A 组合键，则可选择绘图区中的全部图形。

5.4　设置与编辑夹点

在没有进行任何编辑命令时，当光标选中图形，就会显示出夹点；而将光标移动至夹点上时，被选中的夹点会以红色显示。

5.4.1　夹点的设置

在 AutoCAD 中，用户可根据需要对夹点的大小、颜色等参数进行设置。用户只需打开"选项"对话框，切换至"选择集"选项卡，在"夹点尺寸"选项板可设置夹点的大小，如图5-19所示，单击"夹点颜色"按钮，打开"夹点颜色"对话框，从中可设置夹点的颜色，如图5-20所示。

在设置夹点大小时，夹点不必设置过大，因为过大的夹点，在选择图形时会妨碍操作，从而降低了绘图速度。通常在作图时，夹点参数保持默认大小即可。

图 5-19　"选择集"选项卡　　　　　　图 5-20　设置夹点颜色

5.4.2　利用夹点编辑图形

选择某图形对象后,用户可利用其夹点,对该图形进行编辑操作,例如拉伸、旋转、缩放、移动等一系列操作。下面将分别对其操作进行介绍。

1. 拉伸

当选择某图形对象后,单击其中任意一夹点,即可将其图形进行拉伸。

2. 旋转

旋转则是将所选择的夹点作为旋转基准点,从而进行旋转设置。将鼠标移动到所需图形旋转夹点上,当该夹点为红色状态时,单击鼠标右键,选择"旋转"选项,其后输入旋转角度即可。

3. 缩放

选中所需缩放的图形,并单击缩放夹点,当该夹点为红色状态时,右击鼠标,选择"缩放"选项,并在命令行中输入缩放值,按回车键即可。

4. 移动

移动的方法与以上操作相似。单击所需图形移动夹点,当其为红色状态时,右击鼠标,选择"移动"选项,并在命令行中输入移动距离或捕捉新位置即可。

5.5　精确辅助绘图工具

设计和绘制图形时,如果对图形尺寸比例要求不太严格,可以大致输入图形的尺寸,用鼠标在图形区域直接拾取和输入。但是有的图形对尺寸要求比较严格,必须按给定的尺寸绘图,这时可以通过常用的指定点的坐标法来绘制图形,还可以使用系统提供的捕捉、对象捕捉、对象追踪等功能,在不输入坐标的情况下快速、精确地绘制图形。

5.5.1　栅格与捕捉

栅格是一些标定位置的小点，可以提供直观的位置和距离参照，捕捉用于设置光标移动的间距。

1. 打开或关闭栅格和捕捉

在 AutoCAD 中，用户可以使用以下方式打开或关闭栅格和捕捉：

- 在状态栏中单击"显示图形栅格"按钮▦和"捕捉模式"按钮。
- 按 F7 键打开或关闭栅格显示，按 F9 键可以打开或关闭捕捉模式。
- 在"草图设置"对话框中选中或取消"启用捕捉"和"启用栅格"复选框。

2. 设置栅格和捕捉

在"草图设置"对话框中，可以设置栅格和捕捉参数。用户可以通过以下方式打开"草图设置"对话框：

- 执行"工具"→"绘图工具"命令。
- 在状态栏中单击"捕捉设置"按钮▦，在弹出的列表中选择"捕捉设置"选项。
- 在命令行输入 DS 命令。

打开"草图设置"对话框后，勾选"启用栅格"复选框，如图 5-21 所示。然后在"栅格样式"选项组中勾选"二维模型空间"复选框。如图 5-22 所示。设置完成后单击"确定"按钮即可。

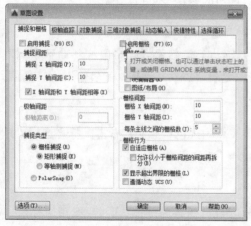
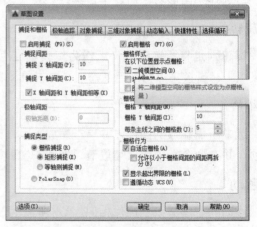

图 5-21　勾选"启用栅格"　　　　　　　　图 5-22　设置栅格显示样式

5.5.2　对象捕捉

在绘图过程中，经常要指定一些对象上已有的点，例如端点、圆心或角点等，这时就需要利用对象捕捉工具，将十字光标强制性的准确定位在对象特定点的位置上。执行"工具"→"工具栏"→"AutoCAD"→"对象捕捉"命令，打开"对象捕捉"工具栏，如图 5-23 所示。

图 5-23　"对象捕捉"工具栏

在执行自动捕捉操作前，需要设置对象的捕捉点。当鼠标经过这些特殊点的时候，就会自动捕捉这些点。用户可以通过以下方式打开和关闭对象捕捉模式：

- 单击状态栏中的"对象捕捉"按钮▢。
- 按 F3 键进行切换。

打开"草图设置"对话框，可以在"对象捕捉"选项卡中进行设置自动捕捉模式。需要捕捉哪些对象捕捉点和相应的辅助标记，就勾选其前面的复选框，如图 5-24 所示。

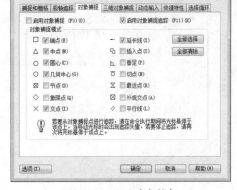

图 5-24　设置对象捕捉

下面将对各捕捉点的含义进行介绍：

- **端点**：直线、圆弧、样条曲线、多线段、面域或三维对象的最近端点或角。
- **中点**：直线、圆弧和多线段的中点。
- **圆心**：圆弧、圆和椭圆的圆心。
- **节点**：捕捉到点对象、标注定一点或标注文件原点。
- **象限点**：圆弧、圆和椭圆上 0°、90°、180° 和 270° 处的点。
- **交点**：实体对象的交界处的点。延伸交点不能用作执行对象捕捉模式。
- **延长线**：用户捕捉直线延伸线上的点。当光标移动对象的端点时，将显示沿对象的轨迹延伸出来的虚拟点。
- **插入点**：文本、属性和符号的插入点。
- **垂足**：圆弧、圆、椭圆、直线和多线段等的垂足。
- **切点**：圆弧、圆、椭圆上的切点。该点和另一点的连线与捕捉对象相切。
- **最近点**：离靶心最近的点。
- **外观交点**：三维空间中不相交但在当前视图中可能相交的两个对象的视觉交点。
- **平行线**：通过已知点且与已知直线平行的直线的位置。

5.5.3　极轴追踪功能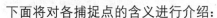

在绘制图形时，如果遇到倾斜的线段，需要输入极坐标，这样就很麻烦。许多图纸中的角度都是固定角度，为了避免输入坐标这一问题，就需要使用极轴追踪的功能。在极轴追踪中也可以设置极轴追踪的类型和极轴角测量等。用户可以通过以下方式启用追踪模式：

- 在状态栏单击"极轴追踪"按钮。
- 打开"草图设置"对话框勾选"启用极轴追踪"复选框。
- 按 F10 键进行切换。

极轴追踪包括极轴角设置、对象捕捉追踪设置、极轴角测量等。在"极轴追踪"选项卡中可以设置这些功能，如图 5-25 所示。各选项组的作用介绍如下。

1. 极轴角设置

"极轴角设置"选项组包含"增量角"和"附加角"选项。用户可以在"增量角"下拉列

表框中选择具体角度，也可以在"增量角"文本框内输入任意数值，如图 5-26 所示。

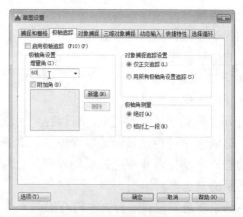

图 5-25　选择角度　　　　　　　　图 5-26　输入数值

附加角是对象轴追踪使用列表中的任意一种附加角度。它起到辅助的作用，当绘制角度的时候，如果是附加角设置的角度就会有提示。"附加角"复选框同样受 POLARMODE 系统变量控制。

2．对象捕捉追踪设置

"对象捕捉追踪设置"选项组包括仅正交追踪和所有极轴角设置追踪。

● "仅正交追踪"是追踪对象的正交路径，也就是对象 X 轴和 Y 轴正交的追踪。当"对象捕捉"打开时，仅显示已获得的对象捕捉点的正交对象捕捉追踪路径。

● "所有极轴角设置追踪"是指光标从获取的对象捕捉点起沿极轴对齐角度进行追踪。该选项对所有的极轴角都将进行追踪。

3．极轴角测量

"极轴角测量"选项组包括"绝对"和"相对上一段"两个选项。"绝对"是根据当前用户坐标系 UCS 确定极轴追踪角度。"相对上一段"是根据上一段绘制线段确定极轴追踪角度。

5.5.4　应用正交模式

在绘制或编辑图形的过程中，使用正交模式功能可将光标限制在水平或垂直轴向上，从而方便在水平或垂直方向上绘制或编辑图形。用户可通过以下几种方法打开或关闭正交模式：

● 在状态栏单击"正交限制光标"按钮。

● 在键盘上按 F8 键。

● 在命令行输入 ORTHO 命令并按回车键。

实战——绘制地面拼花图案

本案例中将利用对象捕捉功能以及前面所学习的知识来绘制一个地面拼花图案，操作步骤如下。

Step 01　在状态栏打开"对象捕捉"设置列表，打开"草图设置"对话框，在"对象捕捉"选项卡中勾选"启

用对象捕捉"选项,再勾选"端点""中点""圆心""几何中心""节点""象限点"选项,如图 5-27
所示。

Step 02 执行多边形命令,绘制一个半径为 480mm,内切于圆的正八边形,如图 5-28 所示。

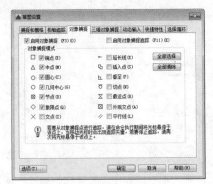

图 5-27 设置对象捕捉参数

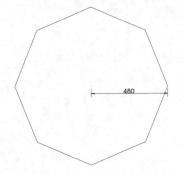

图 5-28 绘制多边形

Step 03 按 F3 键打开对象捕捉功能,执行直线命令,捕捉角点绘制图形,如图 5-29 所示。

Step 04 执行修剪命令,修剪图形,如图 5-30 所示。

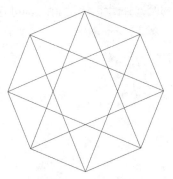

图 5-29 绘制直线

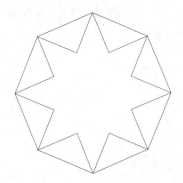

图 5-30 修剪图形

Step 05 执行圆命令,捕捉多边形几何中心绘制两个半径分别为 800mm、840mm 的同心圆,如图 5-31
所示。

Step 06 执行定数等分命令,将外侧的圆等分为 8 份,将等分点旋转 23°,再执行直线命令,捕捉绘制
连接直线,如图 5-32 所示。

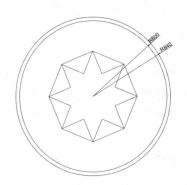

图 5-31 绘制同心圆

图 5-32 等分并绘制直线

Step 07 执行多段线命令，捕捉交点及角点绘制两条多段线，如图 5-33 所示。

Step 08 执行偏移命令，将外侧的圆向外依次偏移 410mm、100mm，如图 5-34 所示。

Step 09 执行定数等分命令，将圆等分为 8 份，再执行直线命令，绘制连接直线，如图 5-35 所示。

 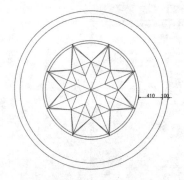 

图 5-33 绘制多段线   图 5-34 偏移圆   图 5-35 等分并绘制直线

Step 10 删除内部的直线、正多边形及圆，再执行多段线命令，捕捉绘制两条多段线，如图 5-36 所示。

Step 11 再次删除内部的圆、直线图形，如图 5-37 所示。

Step 12 执行修剪命令，修剪图形，再执行偏移命令，将圆向外偏移 150mm，即可完成地面拼花图案的绘制，如图 5-38 所示。

图 5-36 绘制多段线   图 5-37 删除多余图形   图 5-38 修剪图形并偏移圆

5.6 图层的设置与管理

在 AutoCAD 中，图层相当于是绘图中使用的重叠图纸，一个完整的 CAD 图形通常由一个或多个图层组成。AutoCAD 把线型、线宽、颜色等作为图形对象的基本特征，图层就通过这些特征来管理图形，而所有的图层都显示在图层特性管理器中，如图 5-39 所示。用户可通过以下几种方法打开图层特性管理器：

- 在"功能区"选项卡中单击"图层特性"按钮🗐。
- 执行"格式"→"图层"命令。
- 在命令行输入 LAYER 命令并按回车键。

5.6.1　图层的功能及特点

在绘制图形时，用户可根据需要创建图层，将不同的图形对象放置在不同的图层上，从而有效地管理图层。默认情况下，图层特性管理器中始终会有一个图层 0，新建图层后，新图层名将会以"图层 1"命名，如图 5-40 所示。

用户可以通过以下方式新建图层：

● 在图层特性管理器中单击"新建图层"按钮。
● 在图层列表中单击鼠标右键，在弹出的快捷菜单中单击"新建图层"选项。

图 5-39　图层特性管理器　　　　　　　　　图 5-40　新建图层

5.6.2　创建常用图层

不同的图层具有不同的图层特性，新建图层后，为了使图纸看上去井然有序，需要对图层设置颜色、线型、线宽。这些设置需要在"图层特性管理器"面板中进行，下面将对其知识内容进行介绍。

1．颜色的设置

在"图层特性管理器"面板中单击颜色图标，打开"选择颜色"对话框，其中包含 3 个颜色选项卡，即索引颜色、真彩色、配色系统。用户可以在这 3 个选项卡中选择需要的颜色，如图 5-41 所示，也可以在底部颜色文本框中下方输入颜色参数，如图 5-42 所示。

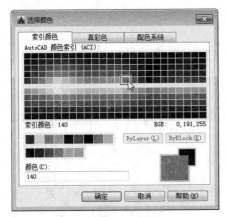

图 5-41　选择色卡　　　　　　　　　图 5-42　输入颜色参数

2．线型的设置

线型分为虚线和实线两种，在建筑绘图中，轴线的是以虚线的形式表现，墙体则以实线的形式表现。用户可以通过"选择线型"对话框及"加载或重载线型"对话框设置线型，如图 5-43、图 5-44 所示。

图 5-43　"选择线型"对话框

图 5-44　"加载或重载选线型"对话框

3．线宽的设置

为了显示图形的作用，往往会把重要的图形用粗线宽表示，辅助的图形用细线宽表示。所以线宽的设置也是必要的。

在"图层特性管理器"面板中单击"线宽"图标—— 默认，打开"线宽"对话框，选择合适的线宽，单击"确定"按钮，如图 5-45 所示。返回"图层特性管理器"面板后，选项栏就会显示修改过的线宽。

图 5-45　"线宽"对话框

知识拓展

有时在设置了图层线宽后，当前线宽则没有变化。此时用户只需在状态栏中，单击"显示/隐藏线宽"按钮，即可显示线宽。反之，则隐藏线宽。

实战——图层的线宽显示

本案例中将利用创建图层线宽来凸显园林图纸中的建筑轮廓，操作步骤介绍如下。

Step 01 打开素材图形，如图 5-46 所示。

Step 02 打开图层特性管理器，可以看到所有图层的线宽都是默认宽度，如图 5-47 所示。

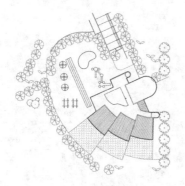

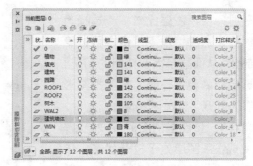

图 5-46　素材图形　　　　　　图 5-47　打开图层特性管理器

Step 03 单击"建筑墙体"图层的"线宽"图标，打开"线宽"设置对话框，选择 0.30mm 线宽，设置完毕后关闭对话框，如图 5-48 所示。

Step 04 返回到绘图区，在状态栏中单击"显示线宽"按钮，观察线宽效果，如图 5-49 所示。

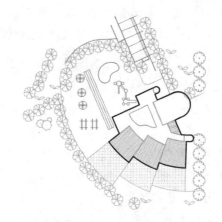

图 5-48　设置线宽　　　　　　图 5-49　显示线宽效果

5.6.3　修改与编辑图层

在"图层特性管理器"面板中，除了可以创建图层，修改颜色、线型和线宽外，还可以管理图层，如置为当前图层、图层的显示与隐藏、图层的锁定及解锁、合并图层、图层匹配、隔离图层等操作。下面将详细介绍图层的管理操作。

1. 置为当前层

在新建文件后，系统会在"图层特性管理器"面板中将图层 0 设置为默认图层，若用户需要使用其他图层，就需要将其置为当前层。

用户可以通过以下方式将图层置为当前：

● 双击图层名称，当图层状态显示"√"时，则置为当前图层。

● 单击图层，在对话框的上方单击"置为当前"按钮 。

● 选择图层，单击鼠标右键在弹出的快捷菜单中选择"置为当前"选项。

● 在"图层"面板中单击下三角按钮，然后单击图层名。

2. 图层的显示与隐藏

编辑图形时，由于图层比较多，选择也要浪费一些时间，这种情况下，用户可以隐藏不需要的部分，从而显示需要使用的图层。

在执行选择和隐藏操作时，需要把图形以不同的图层区分开。当按钮变成图标 时，图层处于关闭状态，该图层的图形将被隐藏，当图标按钮变成 ，图层处于打开状态。该图层的图形则显示。如图 5-50 所示部分图层是关闭状态，其他的则是打开状态。

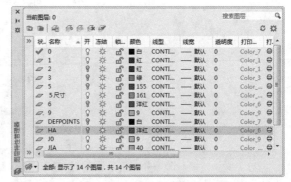

图 5-50　打开与关闭图层

用户可以通过以下方式显示和隐藏图层：

- 在"图形特性管理器"面板中单击图层按钮 。
- 在"图层"面板中单击下拉按钮，然后单击开关图层按钮。
- 在"默认"选项卡的"图层"面板中单击按钮 ，根据命令行的提示，选择一个实体对象。

即可隐藏图层，单击按钮 ，则可显示图层。

3. 图层的锁定与解锁

当图标变成 时，表示图层处于解锁状态；当图标变为 时，表示图层已被锁定。锁定相应图层后，用户不可以修改位于该图层上的图形对象，如图 5-51、图 5-52 所示为植物图层解锁与锁定的效果。

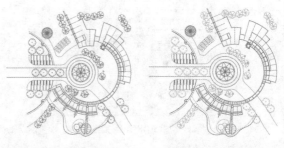

图 5-51　解锁图层　　　图 5-52　锁定图层

4. 合并图层

如果在"图层状态管理器"面板中存在许多相同样式的图层，用户可以将这些图层合并到一个指定的图层中，方便管理。

5. 图层匹配

"图层匹配"是将选择对象更改至目标图层上，使其处于相同图层。

6. 隔离图层

隔离图层是指除隔离图层之外的所有图层关闭，只显示隔离图层上的对象。在"默认"选项卡中的"图层"面板中单击"隔离"按钮 ，选择要隔离的图层上的对象并按回车键，图层就会被隔离出来，未被隔离的图层将会被隐藏，不可以进行编辑和修改。单击"取消隔离"按钮 ，图层将被取消隔离。

综合演练　为园林制图创建图层

实例路径：实例 \CH05\ 综合演练 \ 为园林制图创建图层 .dwg

视频路径：视频 \CH05\ 为园林制图创建图层 .avi

对于简单的图形，用户可以在图形绘制完毕后，再归类图形所属的图层。本次实例将为一个小户型平面图创建图层，并进行面积测量。

Step 01 新建图形文件，打开图层特性管理器，如图 5-53 所示。

图 5-53　图层特性管理器

Step 02 单击"新建图层"按钮，创建图层，命名为"道路边线"，如图 5-54 所示。

图 5-54　创建图层

Step 03 按回车键继续创建图层，如公建、铺地、水面、小品、植物等，如图 5-55 所示。

图 5-55　创建其他图层

Step 04 单击"道路边线"图层的"颜色"图标按钮，打开"选择颜色"对话框，从中选择合适的颜色，如图 5-56 所示。

图 5-56　设置图层颜色

Step 05 再设置其他图层颜色，如图 5-57 所示。

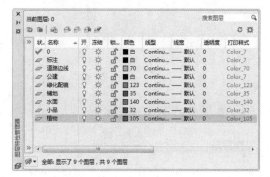

图 5-57　设置其他图层颜色

Step 06 观察绘制的园林图形效果，如图 5-58 所示。

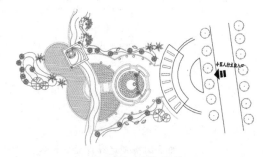

图 5-58　园林图形

上机操作

为了让读者能够更好地掌握本章所学习到的知识，本小节列举几个针对于本章的拓展案例，以供读者练手。

1．利用夹点调整图形

⚠ **操作提示：**

Step 01 选择图形中要进行调整的圆弧，如图 5-59 所示。

Step 02 拖动夹点进行调整以改变图形，如图 5-60 所示。

图 5-59　选择圆弧　　　　　图 5-60　调整效果

2．创建图层并绘制园林图形

⚠ **操作提示：**

Step 01 创建如绿化、铺砖、水体、园路等图层并设置参数，如图 5-61 所示。

Step 02 绘制园林图形，如图 5-62 所示。

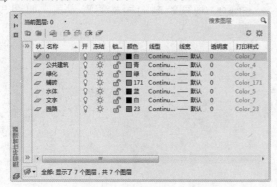
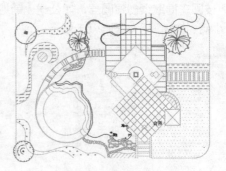

图 5-61　创建并设置图层参数　　　　图 5-62　绘制园林图形

第 **6** 章

图块、外部参照及设计中心

在绘制图形时，创建图块是绘制相同结构图形的有效方法。用户可以将经常使用的图形定义为图块，并根据需要为块创建属性，指定块的名称、用途及设计得等信息，在需要时直接插入它们，从而提高绘图效率。

用户还可以将已有的图形文件以参照的形式插入到当前图形中（即外部参照），或是通过AutoCAD 设计中心浏览、查找、预览、使用和管理 AutoCAD 中图形、块、外部参照等不同的资源文件。

知识要点

▲ 图块的创建与编辑

▲ 编辑图块属性

▲ 外部参照的使用

▲ 设计中心的应用

6.1 图块的创建与编辑

图块是由一个或多个对象组成的对象集合，它将不同的形状、线型、线宽和颜色的对象组合定义成块，利用图块可以减少大量重复的操作步骤，从而提高设计和绘图的效率。

6.1.1 创建图块

创建块就是将已有的图形对象定义为图块。图块分为内部图块和外部图块两种，内部图块是跟随定义的文件一起保存的，存储在图形文件内部，只可以在存储的文件中使用，其他文件不能调用。

1. 创建内部图块

所谓内部图块，则是指使用"创建"命令，创建的图块。用户可以通过以下方式创建块：

● 执行"绘图"→"块"→"创建"命令。

● 在"插入"选项卡"块定义"面板中单击"创建"按钮。

● 在命令行输入 BLOCK 命令并按回车键。

执行以上任意一种方法均可以打开"块定义"对话框，如图 6-1 所示。

其中，"块定义"对话框中各选项的含义介绍如下。

● 名称：用于输入块的名称，最多可使用 255 个字符。

图 6-1 "块定义"对话框

● 基点：该选项区用于指定图块的插入基点。系统默认图块的插入基点值为（0,0,0），用户可直接在 X、Y 和 Z 数值框中输入坐标相对应的数值，也可以单击"拾取点"按钮，切换到绘图区中指定基点。

● 对象：用于设置组成块的对象。单击"选择对象"按钮，可以切换到绘图窗口中选择组成块的各对象；也可单击"快速选择"按钮，在打开的"快速选择"对话框中，设置所选择对象的过滤条件。

● 保留：勾选该选项，则表示创建块后仍在绘图窗口中保留组成块的各对象。

● 转换为块：勾选该选项，则表示创建块后将组成块的各对象保留并把它们转换成块。

● 删除：勾选该选项，则表示创建块后删除绘图窗口中组成块的各对象。

● 设置：该选项区用于指定图块的设置。

● 方式：该选项区中可以设置插入后的图块是否允许被分解、是否统一比例缩放等。

● 说明：该选项区用于指定图块的文字说明，在该文本框中，可以输入当前图块说明部分的内容。

● 超链接：单击该按钮，打开"插入超链接"对话框，从中可以插入超级链接文档。

● 在块编辑器中打开：选中该复选框，当创建图块后，进行块编辑器窗口中进行"参数""参数集"等选项的设置。

绘图技巧

在建筑设计中的家具、建筑符号等图形都需要重复绘制很多遍，如果先将这些复杂的图形创建成块，然后在需要的地方进行插入，这样绘图的速度则会大大提高。

2. 创建外部图块

写块也是创建块的一种，又叫块存盘，是将文件中的块作为单独的对象保存为一个新文件，被保存的新文件可以被其他对象使用。创建块只能在当前图纸中应用，无论是新建或打开的图纸当中不能被引用，而写块定义的块，则可以被大量无限的引用。

外部图块不依赖于当前图形，它可以在任意图形中调入并插入。其实就是将这些图形变成一个新的、独立的图形。执行"插入"→"块定义"→"写块"命令，在打开的"写块"对话框中，用户可将对象保存到文件或将块转换为文件。当然,用户也可在命令行中直接输入 W 后按回车键,同样也可以打开相应的对话框。用户可以通过以下方式创建块:

- 在"插入"选项卡"块定义"面板中单击"写块"按钮，打开"写块"对话框,如图 6-2 所示。
- 在命令行输入 WBLOCK 命令并按回车键。

图 6-2　"写块"对话框

"写块"对话框中各选项说明如下。

- 块:如果当前图形中含有内部图块,选中此按钮,可以在右侧的下拉列表框中选择一个内部图块,系统可以将此内部图块保存为外部图块。
- 整个图形:单击此按钮,可以将当前图形作为一个外部图块进行保存。
- 对象:单击此按钮,可以在当前图形中任意选择若干个图形,并将选择的图形保存为外部图块。
- 基点:用于指定外部图块的插入基点。
- 对象:用于选择保存为外部图块的图形,并决定图形被保存为外部图块后是否删除图形。
- 目标:主要用于指定生成外部图块的名称、保存路径和插入单位。
- 插入单位:用于指定外部图块插入到新图形中时所使用的单位。

知识拓展

　　"定义块"和"写块"都可以将对象转换为块对象,但是它们之间还是有区别的。"定义块"创建的块对象只能在当前文件中使用,不能用于其他文件中。"写块"创建的块对象可以用于其他文件,然后将创建的块插入到文件中。对于经常使用的图形对象,特别是标准间一类的图形可以将其写块保存,下次使用时直接调用该文件,可以大大提高工作效率。

实战——创建植物图块

下面将以创建植物图块为例,介绍内部图块的创建方法。

Step 01 打开素材图形文件,如图 6-3 所示。

Step 02 执行"绘图"→"块"→"创建"命令，打开"块定义"对话框，在该对话框中单击"选择对象"按钮，如图 6-4 所示。

图 6-3　打开素材图形　　　　　图 6-4　单击"选择对象"按钮

Step 03 在绘图区中选择图形对象，如图 6-5 所示。

Step 04 按回车键后返回"块定义"对话框，再单击"拾取点"按钮，如图 6-6 所示。

图 6-5　选择图形对象　　　　　图 6-6　单击"拾取点"按钮

Step 05 在绘图区中指定一点作为插入基点，如图 6-7 所示。

Step 06 按回车键返回到"块定义"对话框，输入块名称，单击"确定"按钮完成图块的创建。将鼠标指针移动到图块上，会显示出"块参照"字样的提示，如图 6-8 所示。

图 6-7　指定插入基点　　　　　图 6-8　完成创建

实战——存储亭子图块

下面将以存储亭子图块为例，介绍存储图块的创建方法。

Step 01 打开素材图形文件，如图 6-9 所示。

Step 02 在"插入"选项卡"块定义"面板中单击"写块"按钮，打开"写块"对话框，单击"选择对象"按钮，如图 6-10 所示。

图 6-9 打开素材图形

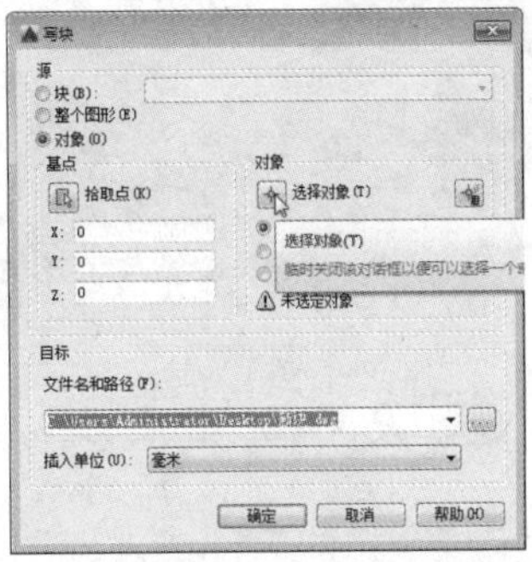

图 6-10 单击"选择对象"按钮

Step 03 在绘图区中选择图形对象，如图 6-11 所示。

Step 04 按回车键后返回"写块"对话框，再单击"拾取点"按钮，如图 6-12 所示。

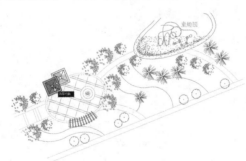

图 6-11 选择图形对象

图 6-12 单击"拾取点"按钮

Step 05 在绘图区中指定一点作为插入基点，如图 6-13 所示。

Step 06 单击返回到"写块"对话框，再单击"浏览文件"按钮，如图 6-14 所示。

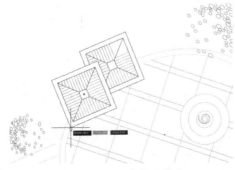

图 6-13 指定插入基点

图 6-14 "浏览文件"按钮

Step 07 在打开的"浏览图形文件"对话框中设置文件路径及文件名,再单击"保存"按钮,如图6-15所示。

Step 08 返回到"写块"对话框,单击"确定"按钮即可完成图块的存储,如图6-16所示。

图6-15 设置路径及文件名

图6-16 完成操作

6.1.2 插入图块

插入块是指将定好的内部或外部图块插入到当前图形中。在插入图块或图形时,必须指定插入点、比例与旋转角度。插入图形为图块时,程序会将指定的插入点当作图块的插入点,但可先打开原来的图形,并重新定义图块,以改变插入点。用户可以通过以下方式调用插入块命令:

● 执行"插入"→"块"命令。

● 在"插入"选项卡"块"面板中单击"插入"按钮 。

● 在命令行输入 I 命令并按回车键。

执行以上任意一种方法即可打开"插入"对话框,如图6-17所示。其中,各选项的含义介绍如下:

● 名称:用于选择插入块或图形的名称。

● 插入点:用于设置插入块的位置。

● 比例:用于设置块的比例。"统一比例"复选框用于确定插入块在X、Y、Z这3个方向的插入块比例是否相同。若勾选该复选框,就只需要在X文本框中输入比例值。

图6-17 "插入"对话框

● 旋转:用于设置插入图块的旋转度数。

● 块单位:用于设置插入块的单位。

● 分解:用于将插入的图块分解成组成块的各基本对象。

绘图技巧

在插入图块时,用户可使用定数等分或测量命令进行图块的插入。但这两种命令只能用在内部图块的插入,而无法对外部图块进行操作。

实战——为道路断面图插入图块

下面将以道路断面图为例，介绍插入图块的操作方法。

Step 01 打开绘制好的道路断面图，如图6-18所示。

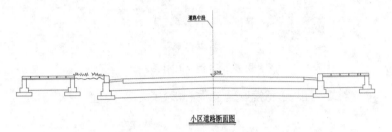

图 6-18 打开素材图形

Step 02 执行"插入"→"块"命令，打开"插入"对话框，再单击"浏览"按钮，如图6-19所示。

Step 03 打开"选择图形文件"对话框，从中选择合适的图形，这里选择松树图块，如图6-20所示。

图 6-19 打开"插入"对话框

图 6-20 选择图形文件

Step 04 返回到"插入"对话框，再单击"确定"按钮，将松树图块插入到图纸中的合适位置，如图6-21所示。

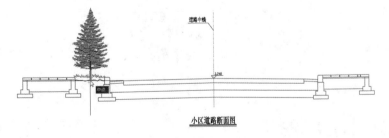

图 6-21 插入松树图块

Step 05 继续插入路灯图块，并放置到道路的另一侧，可以看到这里插入的路灯图块方向反了，如图6-22所示。

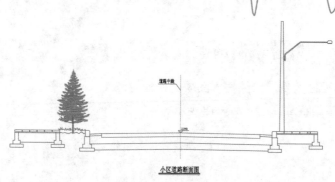

图 6-22　插入路灯图块

Step 06 执行镜像命令，对路灯图块进行镜像操作，并删除源文件，如图 6-23 所示。

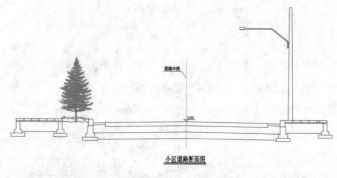

图 6-23　镜像操作

Step 07 最后执行缩放命令，对松树图块放大 1.5 倍，即可完成本次操作，效果如图 6-24 所示。

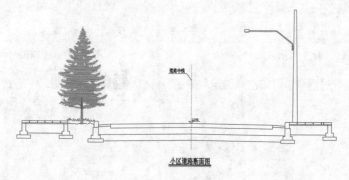

图 6-24　缩放图形

6.2　编辑图块属性

　　除了可以创建普通的图块外，还可以创建带有附加信息的块，这些信息被称为属性。用户利用属性来跟踪类似于零件数量和价格等信息的数据，属性值既是可变的，又是不可变的。

6.2.1 创建与附着属性

文字对象等属性包含在块中，若要进行编辑和管理块，就要先创建块的属性，使属性和图形一起定义在块中，才能在后期进行编辑和管理。

用户可以通过以下方式创建与附着属性：

● 执行"绘图"→"块"→"定义属性"命令。

● 在"插入"选项卡"块定义"面板中单击"定义属性"按钮📎。

● 在命令行输入 ATTDEF 命令并按回车键。

执行以上任意一种方法均可以打开"属性定义"对话框，如图 6-25 所示。其中，"属性定义"对话框中部分选项的含义介绍如下：

● 不可见：用于确定插入块后是否显示器属性值。

● 固定：用于设置属性是否为固定值，为固定值时插入块后该属性值不再发生变化。

● 验证：用于验证所输入阻抗的属性值是否正确。

● 预设：用于确定是否将属性值直接预置成它的默认值。

图 6-25 "属性定义"对话框

● 标记：用于输入属性的标记。

● 提示：用于输入插入块时系统显示的提示信息。

● 默认：用于输入属性的默认值。

● 在屏幕上指定：在绘图区中指定一点作为插入点。

● X/Y/Z：在数值框中输入插入点的坐标。

● 对正：用于设置文字的对齐方式。

● 文字样式：用于选择文字的样式。

● 文字高度：用于输入文字的高度值。

● 旋转：用于输入文字旋转角度值。

6.2.2 编辑块的属性

定义块属性后，插入块时，如果不需要属性完全一致的块，就需要对块进行编辑操作。用户在"增强属性编辑器"对话框中可以对图块进行编辑。

用户可以通过以下方式打开"增强属性编辑器"对话框：

● 执行"修改"→"对象"→"属性"→"单个"命令，根据提示选择块；

● 在命令行输入 EATTEDIT 命令并按回车键，根据提示选择块。

执行以上任意一种方法即可打开"增强属性编辑器"对话框，如图 6-26 所示。

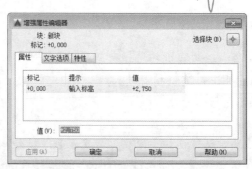

图 6-26   "增强属性编辑器"对话框

下面将对"增强属性编辑器"对话框中各选项卡的含义进行介绍。

● 属性：显示块的标识、提示和值。选择属性，对话框下方的值选项框将会出现属性值，可以在该选型框中进行设置。

● 文字选项：该选项卡用来修改文字格式。其中包括文字样式、对正、高度、旋转、宽度因子、倾斜角度、反向和倒置等选项。

● 特性：在其中可以设置图层、线型、颜色、线宽和打印样式等选项。

知识拓展

在用 AutoCAD 制图时，缩放和平移命令使用的次数最多。缩放时，经常会忘了原来的位置，或忘了要转到哪里，或需要快速返回原来的视图。如果缩放或平移的次数很多，想恢复原来视图，较为麻烦，通常要按多次"Ctrl+Z"键退回，此时只需使用"VTENABLE"系统变量，可启用"平滑转换"来切换显示区域。如果使用"范围缩放"命令，而且启动了"平滑转换"功能，则用户可看到图形从局部的视图动态地转到整个图形。平滑视图转换帮助用户保持图形中的可视方位。进一步的改进了整个缩放和平移过程，通过设置将它们看成单独的一个操作对象。

在"选项"对话框中的"用户系统设置"标签中，即可设置该选项。这样，只需要一步就可以回到以前的视图，真是省时省力。

6.2.3　块属性管理器

在"插入"选项卡"块定义"面板中单击"管理属性"按钮，即可打开"块属性管理器"对话框，如图 6-27 所示。从中即可编辑定义好的属性图块。

图 6-27   "块属性管理器"对话框

单击"编辑"按钮可以打开"编辑属性"对话框，在该对话框中可以修改定义图块的属性，如图 6-28 所示。单击"设置"按钮，可以打开"块属性设置"对话框，如图 6-29 所示，从中可以设置属性信息的列出方式。

图 6-28　"编辑属性"对话框

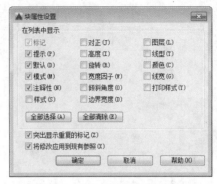

图 6-29　"块属性设置"对话框

6.3　外部参照的使用

在实际绘图中，如果需要按照某个图进行绘制，就可以使用外部参照，外部参照可以作为图形的一部分。外部参照和块有很多相似的部分，但也有所区别，作为外部参照的图形会随着原图形的修改而更新。

6.3.1　附着外部参照

要使用外部参照图形，就先要附着外部参照文件。外部参照的类型共分为 3 种，分别为"附着型""覆盖型"以及"路径类型"。

● 附着型：在图形中附着附加型的外部参照时，若其中嵌套有其他外部参照，则将嵌套的外部参照包含在内；

● 覆盖型：在图形中附着覆盖型外部参照时，任何嵌套在其中的覆盖型外部参照都将被忽略，而且本身也不能显示；

● 路径类型：设置是否保存外部参照的完整路径。如果选择该选项，外部参照的路径将保存到数据库中，否则将只保存外部参照的名称而不保存其路径。

知识拓展

插入块后，该图块将永久性地插入到当前图形中，并成为图形的一部分。而以外部参照方式插入图块后，被插入图形文件的信息并不直接加入到当前图形中，当前图形只记录参照的关系。另外，对当前图形的操作不会改变外部参照文件的内容。

在"插入"选项卡"参照"面板中单击"附着"按钮，打开"选择参照文件"对话框，在对话框中选择参照文件，其后，在"外部参照"对话框中，单击"确定"按钮，则可插入外部参照图块，如图6-30、图6-31所示。

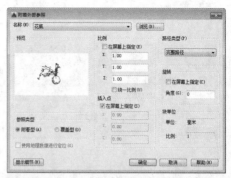

图6-30　"选择参照文件"对话框　　　　图6-31　"附着外部参照"对话框

6.3.2　管理外部参照

附着参照后可以在外部参照面板中编辑和管理外部参照。用户可以通过以下方式打开"外部参照"面板。

● 执行"插入"→"外部参照"命令。

● 在"插入"选项卡"参照"面板中单击"外部参照"按钮。

● 在命令行输入XREF命令并按回车键。

执行以上任意一种方法即可打开"外部参照"面板如图6-32所示。其中各选项的含义介绍如下：

● 附着：单击"附着"按钮，即可添加不同格式的外部参照文件。

● 文件参照：显示当前图形中各种外部参照的文件的名称。

● 详细信息：显示外部参照文件的详细信息。

● 列表图：单击该按钮，设置图形以列表的形式显示。

● 树状图：单击该按钮，设置图形以树的形式显示。

图6-32　"外部参照"面板

绘图技巧

在文件参照列表框中，在外部文件上单击鼠标右键，即可打开快捷菜单，用户可以根据快捷菜单的选项编辑外部文件。

6.3.3　绑定外部参照

用户在对包含外部参照的图块的图形进行保存时，可有两种保存方式，一种是将外部参照图块与当前图形一起保存，而另一种则是将外部参照图块绑定至当前图形。如果选择第一种方式的话，其要求是参照图块与图形始终保持在一起，对参照图块的任何修改持续反映在当前图形中。为了防止修改参照图块时更新归档图形，通常都是将外部参照图块绑定到当前图形。绑定外部参照图块到图形上后，外部参照将成为图形中固有的一部分，而不再是外部参照文件了。

选择外部参照图形，执行"修改"→"对象"→"外部参照"命令，在打开的级联菜单中选择"绑定"选项，即可打开"外部参照绑定"对话框，如图 6-33 所示。

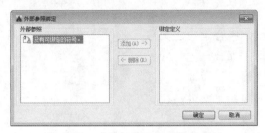

图 6-33 "外部参照绑定"对话框

6.3.4 编辑外部参照

块和外部参照都被视为参照，用户可以使用在位参照编辑来修改当前图形中的外部参照，也可以从定义当前图形中的块定义。

用户可以通过以下方式打开"参照编辑"对话框：

● 执行"工具"→"外部参照和块在位编辑"→"在位编辑参照"命令。

● 在"插入"选项卡"参照"面板中，单击"参照"下拉菜单按钮，在弹出的列中单击"编辑参照"按钮 。

● 在命令行输入 REFEDIT 命令并按回车键。

● 双击需要编辑的外部参照图形。

6.4 设计中心的应用

AutoCAD 设计中心提供了一个直观高效的工具，它同 Windows 资源管理器相似。利用设计中心，不仅可以浏览、查找、预览和管理 AutoCAD 图形、图块、外部参照及光栅图形等不同的资源文件，还可以通过简单的拖放操作，将位于本计算机、局域网或 Internet 上的图块、图层、外部参照等内容插入到当前图形文件中。

6.4.1 设计中心选项板

AutoCAD 设计中心向用户提供了一个高效且直观的工具，在"设计中心"选项板中，可以浏览、查找、预览和管理 AutoCAD 图形。用户可以通过以下方式打开选项板：

● 执行"工具"→"选项板"→"设计中心"命令。

● 在"视图"选项板,"选项板"面板中单击"设计中心"按钮。

● 在命令行输入 ADCENTER 命令并按回车键。

● 按 Ctrl+R 快捷键。

执行上任意一种方法即可打开"设计中心"选项板,如图 6-34 所示。

从选项板中可以看出设计中心是由工具栏和选项卡组成。工具栏包括:加载、上一级、搜索、主页、树状图切换、预览、说明、视图和内容窗口等工具。选项卡包括"文件夹、打开的图形和历史记录"。

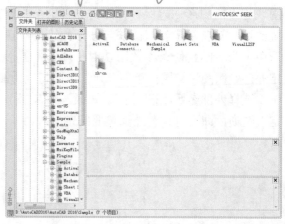

图 6-34 "设计中心"选项板

1. 工具栏

工具栏是控制内容区中信息的显示和搜索。下面具体介绍各选项的含义。

● 加载:单击加载按钮,显示加载对话框,可以浏览本地和网络驱动器的 Web 的文件,然后选择文件加载到内容区域。

● 上一级:返回显示上一个文件夹和上一个文件夹中的内容和内容源。

● 搜索:对指定位置和文件名进行搜索。

● 主页:返回到默认文件夹,单击树状图按钮,在文件上单击鼠标右键即可设置默认文件夹。

● 树状图切换:显示和隐藏树状图更改内容窗口的大小显示。

● 预览:显示或隐藏内容区域选定项目的预览。

● 说明:显示和隐藏内容区域窗格中选定项目的文字说明。

● 视图:更改内容窗口中文件的排列方式。

● 内容窗口:显示选定文件夹中的文件。

2. 选项卡

"设计中心"选项卡是由文件夹、打开的图形和历史记录组成。

● 文件夹:可浏览本地磁盘或局域网中所有的文件、图形和内容。

● 打开的图形:显示软件已经打开的图形。

● 历史记录:显示最近编辑过的图形名称及目录。

6.4.2 图形内容的搜索

使用"设计中心"的搜索功能类似于 Windows 的查找功能,它可在本地磁盘或局域网中的网络驱动器上按指定搜索条件在图形中插入图形、块和非图形对象。

在菜单栏中,单击"工具"→"选项板"→"设计中心"命令,打开"设计中心"面板,单击"搜索"按钮,在"搜索"对话框中,单击"搜索"下拉按钮,并选择搜索类型,其后指定好搜索路径,并根据需要设定搜索条件,单击"立即搜索"按钮即可,如图 6-35、图 6-36 所示。

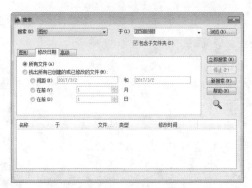

图 6-35 "搜索"对话框　　　　　　图 6-36 使用修改日期搜索

6.4.3 插入图形内容

使用设计中心可以方便地在当前图形中插入块、引用光栅图、外部参照，并在图形之间复制图层、线型、文字样式和标注样式等各种内容。

1. 插入块

设计中心提供了两种插入图块的方法，一种为按照默认缩放比例和旋转方式进行操作；而另一种则是精确指定坐标、比例和旋转角度方式。

使用设计中心执行图块的插入时，首先选中所要插入的图块，然后按住鼠标左键，并将其拖至绘图区后释放鼠标即可。最后调整图形的缩放比例以及位置。

用户也可在"设计中心"面板中，右击所需插入的图块，在快捷列表中选择"插入块"选项，其后在"插入"对话框中，根据需要确定插入基点、插入比例等数值，最后单击"确定"按钮即可完成，如图 6-37、图 6-38 所示。

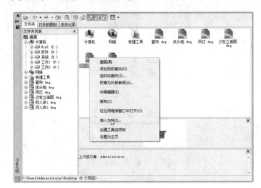

图 6-37 右键插入块操作　　　　　　图 6-38 设置插入图块

2. 引用光栅图像

在 AutoCAD 中除了可向当前图形插入块，还可以将数码照片或其他抓取的图像插入到绘图区中，光栅图像类似与外部参照，需按照指定的比例或旋转角度插入。

在"设计中心"面板左侧树状图中指定图像的位置，其后在右侧内容区域中右击所需图像，在弹出的快捷菜单中选择"附着图像"选项。接着在打开的对话框中根据需要设置插入比例等选项，最后单击"确定"按钮，在绘图区中指定好插入点即可，如图 6-39、图 6-40 所示。

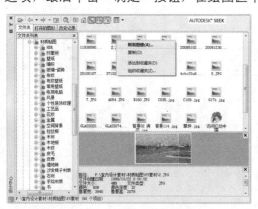

图 6-39　选择图像　　　　　　　　　　　　图 6-40　设置插入比例

3. 复制图层

如果使用设计中心进行图层的复制时，只需使用设计中心将预先定义好的图层拖放至新文件中即可。这样既节省了大量的作图时间，又能保证图形标准的要求，也保证了图形间的一致性。按照同样的操作还可将图形的线型、尺寸样式、布局等属性进行复制操作。

用户只需在"设计中心"面板左侧树状图中，选择所需图形文件，单击"打开的图形"选项卡，选择"图层"选项，其后在右侧内容显示区中选中所有的图层文件，按住鼠标左键并将其拖至新的空白文件中，最后放开鼠标即可。此时在该文件中，执行"图层特性"命令，在打开的"图层特性管理器"面板中，可显示所复制的图层，如图 6-41、图 6-42 所示。

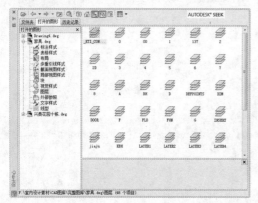

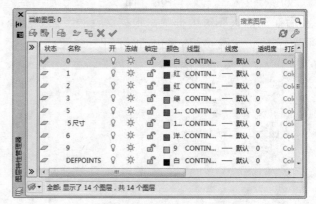

图 6-41　选择复制的图层文件　　　　　　　　图 6-42　完成图层的复制

综合演练　完善园林小景

实例路径： 实例 \CH06\ 综合演练 \ 完善园林小景 .dwg
视频路径： 视频 \CH06\ 完善园林小景 .avi

在学习了本章知识内容后，接下来通过具体案例练习来巩固所学的知识，以做到学以致用。本例中将会对已经绘制好的小景轮廓图形进行完善，下面介绍具体的绘制方法。

Step 01 打开小景素材图形，如图 6-43 所示。

图 6-43　打开素材图形

Step 02 执行图案填充命令，选择图案 ANSI31，设置比例为 120，角度为 135，填充水体区域；选择图案 AR-HBONE，设置比例为 4，填充园路区域；再选择图案 ANSI32，设置比例为 40，填充近水平台区域，如图 6-44 所示。

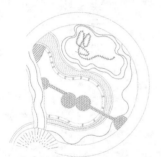

图 6-44　填充图案

Step 03 执行"插入"→"块"命令，打开"插入"对话框，再单击"浏览"按钮，如图 6-45 所示。

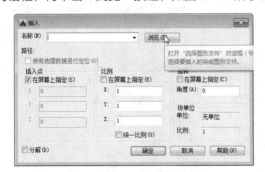

图 6-45　打开"插入"对话框

Step 04 打开"选择图形文件"对话框，从中选择合适的图形，如图 6-46 所示。

Step 05 单击"打开"按钮后返回到"插入"对话框，如图 6-47 所示。

图 6-46　选择图形文件

图 6-47　返回"插入"对话框

Step 06 再单击"确定"按钮在绘图区中指定图块的插入点，如图 6-48 所示。

图 6-48　指定插入点

Step 07 复制植物图块，如图 6-49 所示。

图 6-49　复制图形

Step 08 陆续插入其他图块，如植物、廊架等，再复制植物图形，如图 6-50 所示。

Step 09 执行多段线命令，绘制直径为 25mm 全局宽度为 25mm 的点状图形并进行复制，完成园林小景的绘制，如图 6-51 所示。

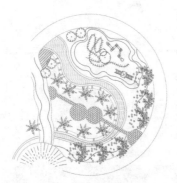

图 6-50　继续插入图形

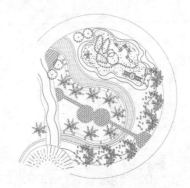

图 6-51　完成绘制

上机操作

为了让读者能够更好地掌握本章所学习到的知识，在本小节列举几个针对于本章的拓展案例，以供读者练手。

1. 完善公园小景

为图纸中添加植物、建筑小品等图块，完善公园布置图形，如图 6-52 所示。

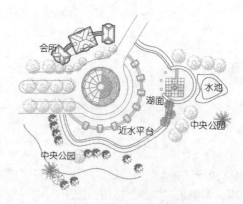

图 6-52　完善公园小景

⚠ 操作提示：

Step 01 插入建筑及小品图形。

Step 02 插入植物图形并进行复制。

2. 创建存储图块

将如图 6-53 所示的树木图形存储为块。

图 6-53　存储块

⚠ 操作提示：

Step 01 打开"写块"对话框。

Step 02 选择图形对象，指定拾取点，再设置文件名和路径。

第**7**章

文字、尺寸标注与表格

文字注释与尺寸标注是工程图中的一项重要内容，它描述设计对象各组成部分的大小及相对位置关系，是实际生产的重要依据。通过添加文字及尺寸标注可以显示图形的数据信息，使用户清晰有序地查看图形的真实大小和相互位置，方便施工。本章将介绍文字和标注样式的创建和设置、文字与尺寸标注的添加，以及编辑等操作。

知识要点

▲ 文字的应用

▲ 表格的应用

▲ 尺寸标注的应用

7.1 文字的应用

文字对象是 AutoCAD 图形中很重要的图形元素，是园林制图中不可缺少的组成部分。在一个完整的图样中，通常都包含一些文字注释来标注图样中的一些非图形信息。创建文字有两种方法：单行文字和多行文字。

7.1.1 创建与管理文字样式

在 AutoCAD 中，所有文字都有与之相关联的文字样式。在创建文字注释和尺寸标注时，AutoCAD 通常使用的是当前的文字样式，用户也可以根据具体要求重新设置文字样式或创建新的样式。

文字样式需要在"文字样式"对话框中进行设置，用户可以通过以下方式打开"文字样式"对话框（如图 7-1 所示）：

● 执行"格式"→"文字样式"命令。

● 在"默认"选项卡"注释"面板中，单击下拉菜单按钮，在弹出的列表中单击"文字注释"

按钮 A 。

● 在"注释"选项卡"文字"
面板中单击右下角箭头 ☑。

● 在命令行输入 ST 命
令并按回车键。

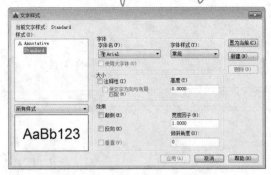

图 7-1 "文字样式"对话框

如果在绘制图形时，创建的文字样式太多，这时可以通过"重命名"和"删除"来管理文字
样式。

执行"格式"→"文字样式"命令，打开"文字样式"对话框，在文字样式上单击鼠标右键，
然后选择"重命名"选项，输入"平面注释"后按回车键即可重命名，如图 7-2 所示，选中"平
面注释"样式名，单击"置为当前"按钮，即可将其置为当前，如图 7-3 所示。

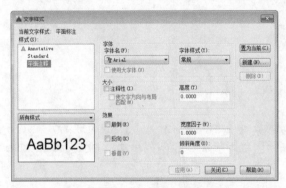

图 7-2 重命名文字样式

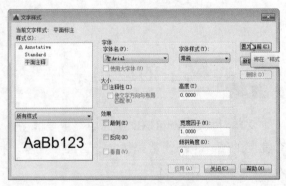

图 7-3 单击"置为当前"按钮

图 7-4　单击"删除"按钮　　　　　　　　图 7-5　　"警告提示"对话框

7.1.2　单行文字

对于单行文字来说，每一行都是一个文字对象，因此可以用来创建文字内容比较尖端的文字对象（如标签），并且可以进行单独编辑。

1. 创建单行文字

用户可以通过以下方式调用单行文字命令：

● 执行"绘图"→"文字"→"单行文字"命令。

● 在"默认"选项卡"文字注释"面板中单击"单行文字"按钮A。

● 在"注释"选项卡"文字"面板中单击"下拉菜单"按钮，在弹出的列表中单击"单行文字"按钮A。

● 在命令行输入 TEXT 命令并按回车键。

执行"绘图"→"文字"→"单行文字"命令。在绘图区指定一点作为文字起点，根据提示输入高度为 50，角度为 0，并输入文字，在文字之外的位置单击鼠标左键及 ESC 键，即可完成创建单行文字操作，如图 7-6、图 7-7 所示。

图 7-6　指定文字高度　　　　　　図 7-7　　"警告提示"对话框

命令行提示如下：

```
命令: _text
当前文字样式:  "Standard"  文字高度: 50.0000  注释性: 否  对正: 左
指定文字的起点 或 [对正(J)/样式(S)]:
指定高度 <50.0000>: 100
指定文字的旋转角度 <0>: 0
```

2. 编辑单行文字

用户可以执行 TEXTEDIT 命令编辑单行文本内容，还可以通过"特性"选项板修改对正方式和缩放比例等。用户可以通过以下方式执行文本编辑命令：

- 执行"修改"→"对象"→"文字"→"编辑"命令。
- 在命令行输入 TEXTEDIT 命令并按回车键。
- 双击单行文本。

执行以上任意一种方法，即可进入文字编辑状态，就可以对单行文字进行相应的修改。

7.1.3　多行文字

多行文字又称为段落文字，是一种更易于管理的文字对象，可以由两行以上的文字组成，而且各行文字都是作为一个整体处理。在园林制图中，常使用多行文字功能创建较为复杂的文字说明，如图样的施工要求等。

多行文本是一个或多个文本段落，每行文字都可以作为一个整体来处理，且每个文字都可以是不同的颜色和文字格式。在绘图区指定对角点即可形成创建多行文本的区域。

1. 创建多行文字

用户可以通过以下方式调用多行文字命令：

- 执行"绘图"→"文字"→"多行文字"命令。
- 在"默认"选项卡"文字注释"面板中单击"多行文字"按钮A。
- 在"注释"选项卡"文字"面板中单击下三角按钮，在弹出的列表中单击"多行文字"按钮A。
- 在命令行输入 MTEXT 命令并按回车键。

执行"多行文本"命令后，在绘图区指定对角点，创建输入框，即可输入多行文字，输入完成后单击功能区右侧的"关闭文字编辑器"按钮，即可创建多行文本，如图7-8、图7-9所示。

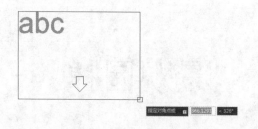

图7-8　指定对角点

图7-9　输入文字

命令行提示如下：

```
命令: _mtext
当前文字样式: "文字注释"  文字高度: 180  注释性:  否
指定第一角点:
指定对角点或 [高度(H)/对正(J)/行距(L)/旋转(R)/样式(S)/宽度(W)/栏(C)]:
```

2. 编辑多行文字

编辑多行文本和单行文本的方法一致，用户可以执行 TEXTEDIT 命令来编辑多行文本内容，还可以通过"特性"选项板修改对正方式和缩放比例等。

编辑多行文本的特性面板的"文字"展卷栏内增加"行距比例""行间距""行距样式"和"背景遮罩"等选项，但缺少了"倾斜"和"宽度"选项，相应的"其他"选项组却消失了。

实战——创建图纸目录页

下面将利用矩形、直线、多行文字等命令创建园林施工图的图纸目录页，绘制步骤如下：

Step 01 执行"绘图"→"矩形"命令，绘制尺寸为 420mm×297mm 的矩形，如图 7-10 所示。

Step 02 执行"修改"→"偏移"命令，将矩形向内偏移 10mm，再执行拉伸命令，将左侧的空隙拉伸至 15mm，如图 7-11 所示。

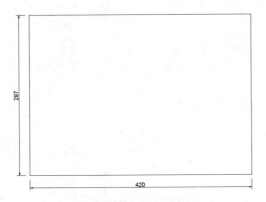

图 7-10　绘制矩形

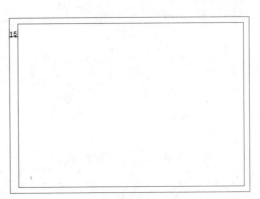

图 7-11　偏移并拉伸

Step 03 利用特性面板设置内部矩形的全局宽度为 0.5mm，如图 7-12 所示。

Step 04 执行"格式"→"文字样式"命令，打开"文字样式"对话框，新建名为"标题"的文字样式，如图 7-13 所示。

图 7-12　修改线宽

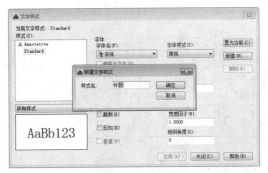

图 7-13　新建样式

Step 05 单击"确定"按钮，进入"标题"文字样式，设置字体为宋体，文字高度为 7.5，如图 7-14 所示。

Step 06 再新建"内容"文字样式，设置字体为楷体，文字高度为 5，如图 7-15 所示。

<table>
<tr><td>图 7-14 设置文字样式</td><td>图 7-15 创建新的样式</td></tr>
</table>

Step 07 将"标题"文字样式置为当前，执行"直线"命令，捕捉绘制一条中线，再执行"绘图"→"单行文字"命令，创建单行文字，如图 7-16 所示。

Step 08 再将"内容"文字样式置为当前，创建单行文字，调整到合适的位置，如图 7-17 所示。

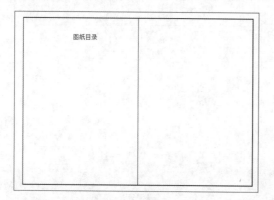

图 7-16 绘制直线和文字

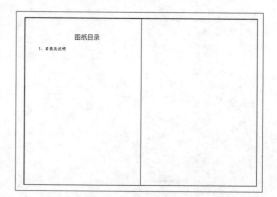

图 7-17 创建文字

Step 09 向下复制文字，设置间隔为 10mm，如图 7-18 所示。

Step 10 双击进入编辑状态，修改文字内容，如图 7-19 所示。

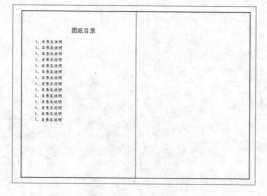

图 7-18 复制文字

图 7-19 修改文字内容

Step 11 执行"绘图"→"直线"命令，绘制直线并向下复制，再拉伸调整直线，如图 7-20 所示。

Step 12 复制单行文字并修改内容，作为页码注释，如图 7-21 所示。

图 7-20　绘制并复制直线

图 7-21　制作页码

Step 13 执行"绘图"→"多行文字"命令，在绘图区中拖动对角点，如图 7-22 所示。

Step 14 输入设计说明内容，如图 7-23 所示。

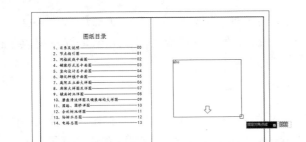

图 7-22　创建多行文字

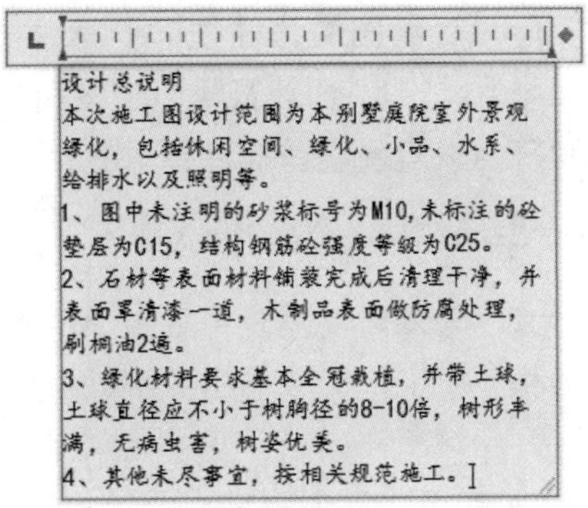

图 7-23　输入文字说明

Step 15 调整标题字体加粗并居中，如图 7-24 所示。

Step 16 选择下方文本内容，在文字编辑器中单击"段落"设置按钮，打开"段落"对话框，从中设置第一行左缩进为 15，如图 7-25 所示。

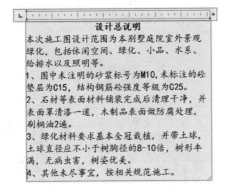

图 7-24　调整标题

图 7-25　设置段落格式

Step 17 单击"确定"按钮关闭对话框，在绘图区空白处单击即可完成图纸目录页的创建，再删除中心线，如图 7-26 所示。

图 7-26　完成制作

7.1.4　特殊字符的输入

在实际设计绘图中，往往需要标注一些特殊的字符。例如，在文字上方或下方添加画线、标注度（°）、±、φ 等符号。这些特殊符号不能从键盘上直接输入，因此 AutoCAD 提供了相应的控制符，以实现这些标注要求。

1. 单行文字中特殊字符的输入

单行文字输入时，用户可通过 AutoCAD 提供的控制码来实现特殊字符的输入。控制码由两个百分号和一个字母（或一组数字）组成。常用的特殊字符及其对应控制码如表 7-1 所示。

表 7-1　特殊字符控制码对应表

序 号	特殊字符	控 制 码	输入形式	最终结果	备 注
1	度数"°"	%%D	45%%D	45°	（1）控制码输入时字母不区分大小写； （2）一般常用字体均可正常显示特殊符号
2	公差"±"	%%P	%%P0.000	±0.000	
3	直径"φ"	%%C	%%C50	φ50	
4	文字上画线	%%O	%%O 汉字 ABC	牙　　BC	
5	文字下画线	%%U	%%U 汉字 ABC	汉字 ABC	
6	Ⅰ级钢筋符号 A	%%130	%%13010	A10	为了正常显示特殊符号内容，"文字样式"对话框中，无论是否勾选"使用大字体"复选框，SHX 字体均应选择 txt 或 tssdeng 之类字体；大字体选择范围较广，可选常用字体如 hztxt
7	Ⅱ级钢筋符号 B	%%131	%%13112	B12	
8	Ⅲ级钢筋符号 C	%%132	%%13218	C18	
9	Ⅳ级钢筋符号 D	%%133	%%13320	D20	

2. 多行文字中特殊字符的输入

多行文字输入时，可以通过"字符"列表选择相应特殊字符，如图 7-27 所示。用户可以通过以下方式打开"字符"列表：

● 单击文字编辑器"插入"面板中的"符号"下拉按钮。

● 在多行文字编辑框中单击鼠标右键，在弹出的快捷菜单中选择"符号"，即可打开级联菜单。

选择相应文字后，单击上画线按钮和下画线按钮，设置上画线和下画线（表7-1序号4~5）。用户也可以通过控制码的方式，输入表1序号1~3中的特殊字符。

在多行文字中输入钢筋的四个符号前，需搜集字体 STQY 并将其添加到 C:\Windows\Fonts 中。之后重新启动 AutoCAD 2016 程序，激活多行文字的"文字格式"对话框。在不改变该多行文字样式的前提下，仅单击"文字"栏选择字体 SJQY，再分别输入大小字母 A、B、C 或 D，即可得到相应的钢筋符号 A、B、C 或 D。用户也可以先输入大小字母 A、B、C 或 D，再选中相应字母后修改其字体为 SJQY。

3. 利用中文输入法实现特殊字符的输入

利用中文输入法自带的软键盘，可以方便地输入希腊字母、标点符号、数序符号和特殊符号等，如图 7-28 所示。如度数符号"°"在"C.特殊符号"中、公差符号"±"在"0.数学符号"中、直径符号"φ"在"2.希腊字母"中、大小罗马序号在"9.数学序号"中。

当然，以该方法输入的特殊字符，在显示效果上与前述控制码或按钮输入的可能会有所不同。右键单击软键盘符号，在弹出的菜单中选择相应类别，即可进入该类别的软键盘界面。用鼠标左键单击所需字符，即可将其输入到单行或多行文本中。

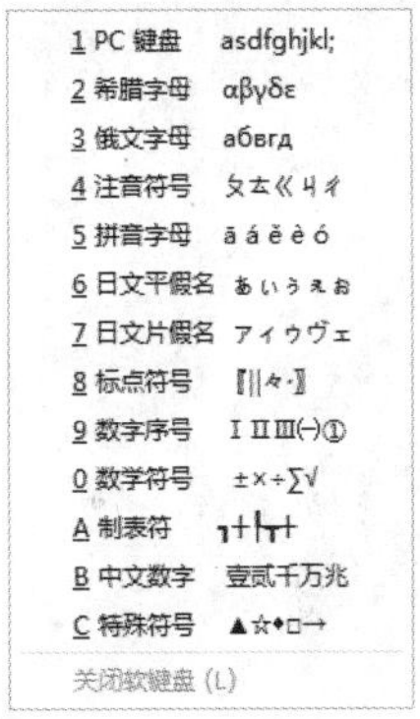

图 7-27　"符号"列表

图 7-28　软键盘列表

知识拓展

（1）txt 之类字体指 txt、txt1、txt2 和 txt 等字体，tssdeng 之类字体指 tssdeng、tssdeng1、tssdeng2 和 tssdeng 等字体。

（2）txt 字体为系统自带，其余上述字体需用户自行搜集并扩充加载。

7.1.5　使用字段

施工图中经常会用到一些在设计过程中发生变化的文字和数据，比如说在图纸中引用的视图方向、修改设计中的建筑面积、重新编号后的图纸、更改后的出图尺寸和日期以及公式的计算结果等。

字段也是文字，等价于可以自动更新的"智能文字"，设计人员在工程图中如果需要引用

这些文字或数据，可以采用字段的方式，这样当字段所代表的文字或数据发生变化时，字段会自动更新。

1. 插入字段

想要在文本中插入字段，可双击所有文本，进入多行文字编辑框，并将光标移至要显示字段的位置，其后单击鼠标右键，在快捷菜单中选择"插入字段"选项，在打开的"字段"对话框中选择合适的字段即可，如图 7-29 所示。

用户可单击"字段类别"下拉按钮，在打开的列表中选择字段的类别，其中包括打印、对象、其他、全部、日提和时间、图纸集、文

图 7-29　"字段"对话框

档和已链接这 8 个类别选项，选择其中任意选项，则会打开与之相应的样例列表，并对其进行设置，如图 7-30、图 7-31 所示。

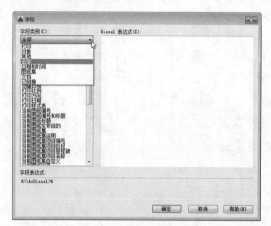

图 7-30　字段类别

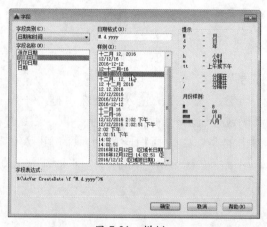

图 7-31　样例

字段文字所使用的文字样式与其插入到的文字对象所使用的样式相同。默认情况下，在 AutoCAD 中的字段将使用浅灰色进行显示。

2. 更新字段

字段更新时，将显示最新的值。在此可单独更新字段，也可在一个或多个选定文字对象中更新所有字段。用户可以通过以下方式进行更新字段的操作：

● 选择文本，单击鼠标右键，在快捷菜单中选择"更新字段"命令。

● 在命令行输入 UPD 命令并按回车键。

● 在命令行中输入 FIELDEVAL 命令并按回车键，根据提示输入合适的位码即可。该位码是常用标注控制符中任意值的和。如仅在打开、保存文件时更新字段，可输入数值 3。

常用标注控制符说明如下：

● 0 值：不更新。

- 1 值：打开时更新。
- 2 值：保存时更新。
- 4 值：打印时更新。
- 8 值：使用 ETRANSMIT 时更新。
- 16 值：重生成时更新。

📝 **绘图技巧**

> 当字段插入完成后，如果想对其进行编辑，可选中该字段，单击鼠标右键，选择"编辑字段"选项，即可在"字段"对话框中进行设置。如果想将字段转换成文字，就需要右键单击所需字段，在弹出的快捷菜单中选择"将字段转换为文字"选项即可。

7.2 尺寸标注的应用

尺寸标注是 CAD 制图中重要的组成部分，也是直接影响图纸整体美观度的重要因素。因此，如果想要图纸更加美观、工整，合理的标注样式以及恰到好处的尺寸标注是非常关键的。一个完整的尺寸标注由尺寸界线、尺寸线、箭头和标注文字组成，如图 7-32 所示。

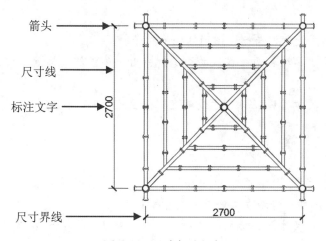

图 7-32　尺寸标注组成

下面具体介绍尺寸标注中基本要素的作用与含义。

- 箭头：用于显示标注的起点和终点，箭头的表现方法有很多种，可以是斜线、块和其他用户自定义符号；
- 尺寸线：显示标注的范围，一般情况下与图形平行。在标注圆弧和角度时是圆弧线；
- 标注文字：显示标注所属的数值。用来反应图形的尺寸，数值前会相应地标注符号；
- 尺寸界线：也称为投影线。一般情况下与尺寸线垂直，特殊情况可将其倾斜。

7.2.1 尺寸标注规则

下面通过基本规则、尺寸线、尺寸界线、标注尺寸的符号、尺寸数字等五个方面介绍尺寸标注的规则。

1. 基本规则

在进行尺寸标注时，应遵循以下 4 个规则。

- 建筑图像中的每个尺寸一般只标注一次，并标注在最容易查看物体相应结构特征的图形上；
- 在进行尺寸标注时，若使用的单位是 mm，则不需要计算单位和名称，若使用其他单位，则需要注明相应计量的代号或名称；
- 尺寸的配置要合理，功能尺寸应该直接标注，尽量避免在不可见的轮廓线上标注尺寸，数字之间不允许有任何图线穿过，必要时可以将图线断开；
- 图形上所标注的尺寸数值应是工程图完工的实际尺寸，否则需要另外说明。

2. 尺寸线

- 尺寸线的终端可以使用箭头和实线这两种，可以设置它的大小，箭头适用于机械制图，斜线则适用于建筑制图；
- 当尺寸线与尺寸界线处于垂直状态时，可以采用一种尺寸线终端的方式，采用箭头时，如果空间不足，可以使用圆点和斜线代替箭头；
- 在标注角度时，尺寸线会更改为圆弧，而圆心是该角的顶点。

3. 尺寸界线

- 尺寸界线用细线绘制，与标注图形的距离相等；
- 标注角度的尺寸界线从两条线段的边缘处引出一条弧线，标注弧线的尺寸界线是平行于该弦的垂直平分线；
- 通常情况下，尺寸界线应与尺寸线垂直。标注尺寸时，拖动鼠标，将轮廓线延长，从它们的交点处引出尺线界线。

4. 标注尺寸的符号

- 标注角度的符号为"°"，标注半径的符号为"R"，标注直径的符号为"φ"，圆弧的符号为"⌒"。标注尺寸的符号受文字样式的影响；
- 当需要指明半径尺寸是由其他尺寸所确定时，应用尺寸线和符号"R"标出，但不要注写尺寸数。

5. 尺寸数字

- 通常情况下，尺寸数字在尺寸线的上方或尺寸线内，若将标注文字对齐方式更改为水平时，尺寸数字则显示在尺寸线中央；
- 在线性标注中，如果尺寸线是与 X 轴平行的线段，则尺寸数字在尺寸线的上方，如果尺寸线与 Y 轴平行，则尺寸数字则在尺寸线的左侧；
- 尺寸数字不可以被任何图线所经过，否则必须将该图线断开。

7.2.2 创建与设置标注样式

标注样式有利于控制标注的外观，通过使用创建和设置过的标注样式，使标注更加整齐。在"标注样式管理器"对话框中可以创建新的标注样式。

用户可以通过以下方式打开"标注样式管理器"对话框，如图 7-33 所示。

- 执行"格式"→"标注样式"命令。
- 在"默认"选项卡"注释"面板中单击"注释"按钮 。
- 在"注释"选项卡"标注"面板中单击右下角的箭头 。
- 在命令行输入 DIMSTYLE 命令并按回车键。

如果标注样式中没有需要的样式类型，用户可以进行新建标注样式操作。在"标注样式管理器"对话框中单击"新建"按钮，将打开"创建新标注样式"对话框，如图 7-34 所示。

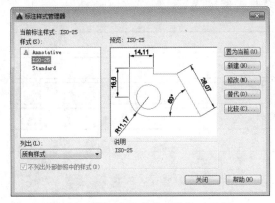

图 7-33 "标注样式管理器"对话框

图 7-34 "创建新标注样式"对话框

在创建标注样式后，就可以编辑创建的标注样式，在"新建标注样式"对话框中可以对相应的选项卡进行编辑，如图 7-35 所示。

该对话框由线、符号和箭头、文字、调整、主单位、换算单位、公差这 6 个选项卡组成。下面将对各选项卡的功能进行介绍。

- 线：该选项卡用于设置尺寸线和尺寸界线的一系列参数。
- 符号和箭头：该选项卡用于设置箭头、圆心标记、折线标注、弧长符号、半径折弯标注等的一系列参数。

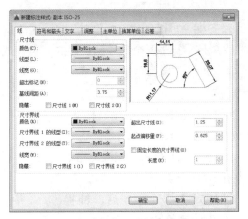

图 7-35 "新建标注样式"对话框

- 文字：该选项卡用于设置文字的外观、文字位置和文字的对齐方式。
- 调整：该选项卡用于设置箭头、文字、引线和尺寸线的放置方式。
- 主单位：该选项卡用于设置标注单位的显示精度和格式，并可以设置标注的前缀和后缀。
- 换算单位：该选项卡用于设置标注测量值中换算单位的显示并设定其格式和精度。
- 公差：该选项卡用于设置指定标注文字中公差的显示及格式。

7.2.3　绘图常用尺寸标注

尺寸标注分为线性标注、对齐标注、角度标注、弧长标注、半径标注、直径标注、快速标注、连续标注及引线标注等，下面将介绍园林施工图中常用的几种标注的创建方法。

1. 线性标注

线性标注用于标注图形对象的线性距离或长度，包括垂直、水平和旋转3种类型。水平标注用于标注对象上的两点在水平方向上的距离，尺寸线沿水平方向放置；垂直标注用于标注对象上的两点在垂直方向的距离，尺寸线沿垂直方向放置；旋转标注用于标注对象上的两点在指定方向上的距离，尺寸线沿旋转角度方向放置。用户可以通过以下方式调用线性标注命令：

- 执行"标注"→"线性"命令。
- 在"注释"选项卡"标注"面板中单击"线性"按钮 。
- 在命令行输入DIMLINEAR命令并按回车键。

调用线性标注命令后，捕捉标注对象的两个端点，再根据提示向水平或者垂直方向指定标注位置即可，如图7-36所示。

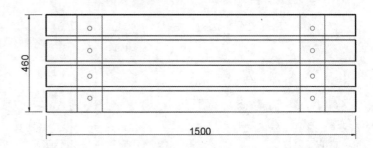

图 7-36　线性标注效果

2. 对齐标注

对齐标注可以创建与标注的对象平行的尺寸，也可以创建与指定位置平行的尺寸。对齐标注的尺寸线总是平行于两个尺寸延长线的原点连成的直线。用户可以通过以下方法调用对齐标注命令：

- 执行"标注"→"对齐"命令。
- 在"注释"选项卡"标注"面板中单击"对齐"按钮 。
- 在命令行输入DIMALIGNED命令并回车键。

调用对齐标注命令后，捕捉标注对象的两个端点，再根据提示指定标注位置即可，如图7-37所示。

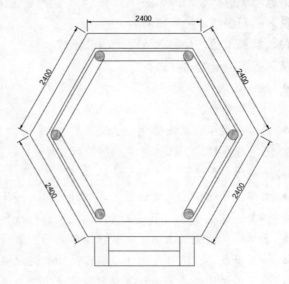

图 7-37　对齐标注效果

118

3. 角度标注

角度标注是用来测量两条或三条直线之间的角度，也可以测量圆或圆弧的角度。用户可以通过以下方式调用角度标注命令：

- 执行"标注"→"角度"命令。
- 在"注释"选项卡"标注"面板中单击"角度"按钮△。
- 在命令行输入 DIMANGULAR 命令并按回车键。

调用角度标注命令后，捕捉需要测量夹角的两条边，再根据提示指定标注位置即可，如图 7-38 所示。

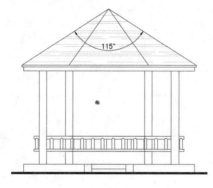

图 7-38　角度标注效果

4. 弧长标注

弧长标注是标注指定圆弧或多线段的距离，它可以标注圆弧和半圆的尺寸，用户可以通过以下方式调用弧长标注命令：

- 执行"标注"→"弧长"命令；
- 在"注释"选项卡"标注"面板中单击"弧长"按钮；
- 在命令行输入 DIMARC 命令并按回车键。

调用弧长标注命令后，选择圆弧，再根据提示拖动鼠标指定标注位置即可，如图 7-39 所示。

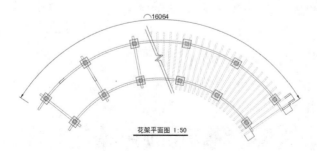

图 7-39　弧长标注效果

5. 半径 / 直径标注

半径 / 直径标注主要是标注圆或圆弧的半径 / 直径尺寸，用户可以通过以下方式调用半径 / 直径命令：

- 执行"标注"→"半径"/"直径"命令；
- 在"注释"选项卡"标注"面板中单击"半径"按钮 / "直径"按钮 ；
- 在命令行输入 DIMRADIUS 命令并按回车键进行半径标注，在命令行输入 DIMDIAMETER 命令并按回车键进行直径标注。

如图 7-40、图 7-41 所示分别为半径标注和直径标注的效果。

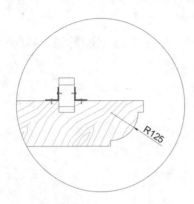

图 7-40　半径标注效果

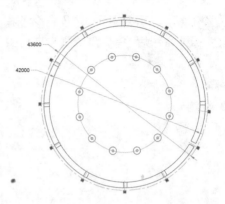

图 7-41　直径标注效果

6. 连续标注

连续标注是指连续进行线性标注、角度标注和坐标标注。在使用连续标注之前首先要进行线性标注、角度标注或坐标标注，创建其中一种标注之后再进行连续标注，它会根据之前创建的标注的尺寸界线作为下一个标注的原点进行连续标记。用户可以通过以下方式调用连续标注命令：

- 执行"标注"→"连续"命令；
- 在"注释"选项卡"标注"面板中单击"连续"按钮 连续 ；
- 在命令行输入 DIMCONTINUE 命令并按回车键。

如图 7-42 所示为连续标注的效果。

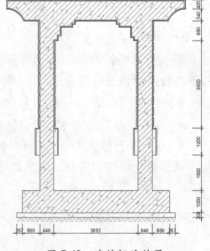

图 7-42　连续标注效果

实战——为双亭平面图添加标注

下面将创建标注样式并为双亭平面图形添加尺寸标注，绘制步骤如下。

Step 01 打开双亭平面素材图形，如图 7-43 所示。

Step 02 执行"格式"→"标注样式"命令，打开"标注样式管理器"对话框，如图 7-44 所示。

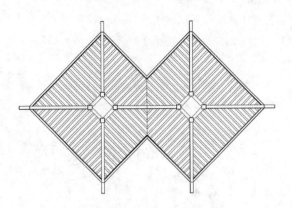

图 7-43　打开素材图形

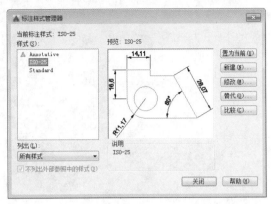

图 7-44　"标注样式管理器"对话框

Step 03 新建标注样式，设置单位精度为 0，再设置文字高度为 250，从尺寸线偏移 50，如图 7-45 所示。

Step 04 设置箭头大小为 200，再设置尺寸线参数，如图 7-46 所示。

图 7-45　设置单位和文字

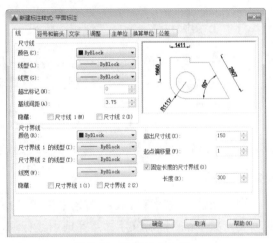

图 7-46　设置箭头和线

Step 05 执行"标注"→"线性"命令，创建一个尺寸标注，如图 7-47 所示。

Step 06 执行"标注"→"连续"命令，继续标注图形，如图 7-48 所示。

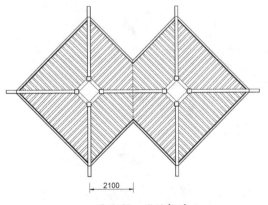

图 7-47　线性标注

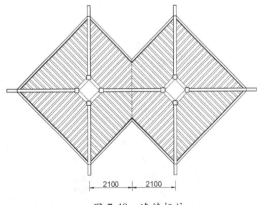

图 7-48　连续标注

Step 07 执行"标注"→"对齐"命令，再标注斜边上的尺寸，如图 7-49 所示。

Step 08 执行"格式"→"角度"命令，创建角度标注，完成本次操作，如图 7-50 所示。

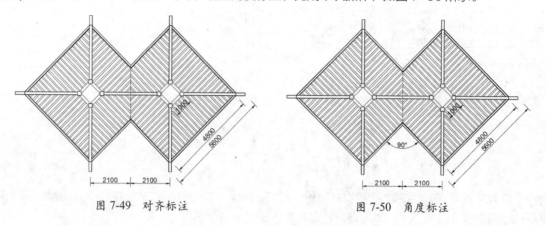

图 7-49　对齐标注　　　　　　　　　图 7-50　角度标注

7.2.4　快速引线

　　在绘图过程中，除了尺寸标注外，还有一样工具的运用是必不可少的，就是快速引线工具。在进行图纸的绘制时，为了清晰地表现出材料和尺寸，就需要将尺寸标注和引线标注结合起来，这样图纸才一目了然。

　　AutoCAD 的菜单栏与功能面板中并没有快速引线，用户只能通过输入命令 QLEADER 调用该命令，输入快捷键 LE 或 QL 命令也可。通过快速引线命令可以创建以下形式的引线标注。

1. 直线引线

　　调用快速引线命令，在绘图区中指定一点作为第一个引线点，再移动光标指定下一点，按回车键三次，输入注释文字即可完成引线标注，如图 7-51 所示。

2. 转折引线

　　调用快速引线命令，在绘图区中指定一点作为第一个引线点，再移动光标指定两点，按回车键两次，输入注释文字即可完成引线标注，如图 7-52 所示。

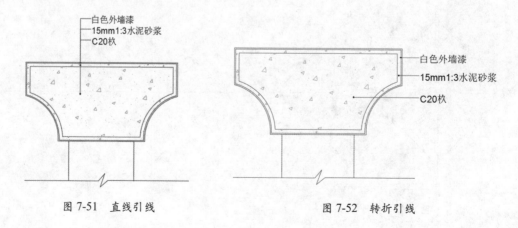

图 7-51　直线引线　　　　　　　　　图 7-52　转折引线

知识拓展

　　快速引线的样式设置同尺寸标注,也就是说,在"标注样式管理器"中创建好标注样式后,用户就可以直接进行尺寸标注与快速引线标注了。

　　另外也可以通过"引线设置"对话框创建不同的引线样式。调用快速引线命令,根据提示输入命令 S,按回车键即可打开"引线设置"对话框,在"附着"面板中勾选"最后一行加下画线"复选框,如图 7-53 所示。

图 7-53　"引线设置"对话框

实战——标注园路剖面图

　　下面将为绘制好的园路剖面图添加引线标注,绘制步骤如下。

Step 01 打开素材图形,如图 7-54 所示。

Step 02 在命令行输入快捷命令 LE,按回车键后在图形中指定第一个引线点,如图 7-55 所示。

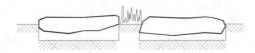

图 7-54　打开素材图形

图 7-55　指定第一个引线点

Step 03 陆续再指定第二、第三个引线点,如图 7-56 所示。

Step 04 按回车键两次,输入引线标注的内容,如图 7-57 所示。

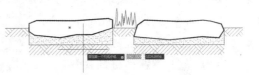

图 7-56　指定第二、第三个引线点

图 7-57　输入标注内容

Step 05 向上复制引线标注,如图 7-58 所示。

Step 06 双击编辑文字内容,再调整标注,完成本次操作,如图 7-59 所示。

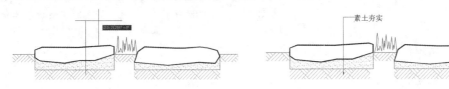
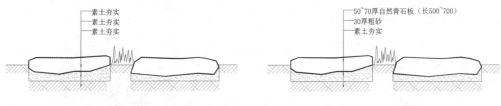

图 7-58　复制引线标注

图 7-59　完成操作

7.2.5 编辑尺寸标注

在 AutoCAD 中，用户可以编辑标注文本的位置，还可以使用夹点编辑尺寸标注、使用"特性"面板编辑尺寸标注，并且可以更新尺寸标注等。

1. 编辑标注文本

在建筑绘图中，标注文本也是必不可少的，如果创建的标注文本内容或位置没有达到要求，用户可以编辑标注文本的内容和调整标注文本的位置等。

（1）编辑标注文本的内容。

在标注图形时，如果标注的端点不处于平行状态，那么测量的距离会出现不准确的情况，用户可以通过以下方式编辑标注文本内容：

- 执行"修改"→"对象"→"文字"→"编辑"命令。
- 在命令行输入 TEXTEDIT 命令并按回车键。
- 双击需要编辑的标注文字。

（2）调整标注文本位置。

除了可以编辑文本内容之外，还可以调整标注文本的位置，用户可以通过以下方式调整标注文本的位置：

- 执行"标注"→"对齐文字"命令的子菜单命令，如图 7-60 所示。
- 选择标注，再将鼠标移动到文本位置的夹点上，在弹出的快捷菜单中进行操作，如图 7-61 所示。
- 在命令行输入 DIMTEDIT 命令并按回车键。

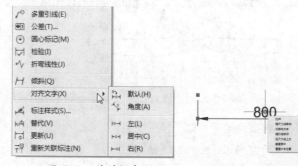

图 7-60　菜单栏命令　　　　图 7-61　快捷菜单命令

2. 使用特性面板编辑尺寸标注

选择需要编辑的尺寸标注，单击鼠标右键，在弹出的快捷菜单下拉列表中选择"特性"选项，即可打开"特性"面板，如图 7-62 所示。

编辑尺寸标注的特性面板由常规、其他、直线和箭头、文字、调整、主单位、换算单位和公差等 8 个卷轴栏。这些选项和"修改标注样式"对话框中的内容基本一致。

图 7-62　"特性"面板

7.2.6　更新尺寸标注

更新尺寸标注是指用选定的标注样式更新标注对象，在 AutoCAD 中，用户可以通过以下方式调用更新尺寸标注命令：

- 执行"标注"→"更新"命令。
- 在"注释"选项卡"标注"面板中单击"更新"按钮 。
- 在命令行输入 DIMSTYLE 命令并按回车键。

7.3　表格的应用

表格是一种以行和列格式提供信息的工具，最常见的用法是门窗表和其他一些关于材料、面积的表格。使用表格可以帮助用户清晰地表达一些统计数据。下面将主要介绍如何设置表格样式、创建和编辑表格和调用外部表格等知识。

7.3.1　设置表格样式

在创建表格前要设置表格样式，方便之后调用。在"表格样式"对话框中可以选择设置表格样式的方式，用户可以通过以下方式打开"表格样式"对话框：

- 执行"格式"→"表格样式"命令。
- 在"注释"选项卡中，单击"表格"面板右下角的箭头。
- 在命令行输入 TABLESTYLE 命令并按回车键。

打开"表格样式"对话框后单击"新建"按钮，如图 7-63 所示，输入表格名称，单击"继续"按钮，即可打开"新建表格样式"对话框，如图 7-64 所示。

图 7-63　"表格样式"对话框

图 7-64　"新建表格样式"对话框

在"新建表格样式"对话框中，在"单元样式"选项组"标题"下拉列表框包含"数据""标题"和"表头"3 个选项，在"常规""文字"和"边框"3 个选项卡中，可以分别设置"数据""标题"和"表头"的相应样式。下面将具体介绍"表格样式"对话框中各选项的含义。

- 样式：显示已有的表格样式。单击"所有样式"列表框右侧的三角符号，在弹出的下拉列表中，可以设置"样式"列表框是显示所有表格样式还是正在使用的表格样式。

- 预览：预览当前的表格样式。
- 置为当前：将选中的表格样式置为当前。
- 新建：单击"新建"按钮，即可新建表格样式。
- 修改：修改已经创建好的表格样式。
- 删除：删除选中的表格样式。

1. 常规

在常规选项卡中可以设置表格的颜色、对齐方式、格式、类型和页边距等特性。下面具体介绍该选型卡各选项的含义。

- 填充颜色：设置表格的背景填充颜色。
- 对齐：设置表格文字的对齐方式。
- 格式：设置表格中的数据格式，单击右侧的按钮 ⋯ ，即可打开"表格单元格式"对话框，在对话框中可以设置表格的数据格式，如图 7-65 所示。
- 类型：设置是数据类型还是标签类型。
- 页边距：设置表格内容距边线的水平和垂直距离，如图 7-66 所示。

图 7-65 "表格单元格式"对话框

图 7-66 设置页边距效果

2. 文字

打开"文字"选项卡，在该选项卡中主要设置文字的样式、高度、颜色、角度等，如图 7-67 所示。

3. 边框

打开"边框"选项卡，该选项卡可以设置表格边框的线宽、线型、颜色等选项，此外，还可以设置有无边框或是否是双线，如图 7-68 所示。

图 7-67 "文字"选项卡

图 7-68 "边框"选项卡

7.3.2 创建与编辑表格

在 AutoCAD 中可以直接创建表格对象，而不需要单独用直线绘制表格，创建表格后可以进行编辑操作。

1. 创建表格

用户可以通过以下方式调用创建表格命令。

- 执行"绘图"→"表格"命令。
- 在"注释"选项卡"表格"面板中单击"表格"按钮▦。
- 在命令行输入 TABLE 命令并按回车键。

打开"插入表格"对话框，从中设置列和行的相应参数，单击"确定"按钮，然后在绘图区指定插入点即可创建表格。

> **绘图技巧**
>
> 若要删除多余的行，则使用窗交方式选中行，单击功能区的"删除行"按钮▦，即可删除行，若需要合并单元格，则使用窗交方式选中单元格后，在"合并"面板中单击"合并全部"按钮▦，即可合并单元格。

2. 编辑表格

当创建表格后，如果对创建的表格不满意，可以编辑表格，在 AutoCAD 中可以使用夹点、选项板进行编辑操作。

大多情况下，创建的表格都需要进行编辑才可以符合表格定义的标准，在 AutoCAD 中，不仅可以对整体的表格进行编辑，还可以对单独的单元格进行编辑，用户可以单击并拖动夹点调整宽度或在快捷菜单中进行相应的设置。

在"特性"选项板中也可以编辑表格，在"表格"卷展栏中可以设置表格样式、方向、表格宽度和表格高度。

7.3.3 调用外部表格

在工作中有时需要在 AutoCAD 中制作表格，如大型装配图的标题栏、装修配料表等。AutoCAD 的图形功能很强，但表格功能较差，一般情况下都是用直线绘制表格，再用文字填充，这种方法效率很低。用户还可以利用以下方式来调用外部表格：

- 从 Word 或 Excel 中选择并复制表格，粘贴到 AutoCAD 中。
- 执行"绘图"→"表格"命令，打开"插入表格"对话框，插入本地硬盘上的 Excel 表格文件即可。

知识拓展

直线绘制的表格，费时较长，且表格中的边框和文字都是独立的图元。而直接复制粘贴到 CAD 中的表格则会称为一个整体，在 CAD 中无法对其修改。用户若是想编辑表格，可以在 CAD 中双击表格的外边框，系统会启动 Excel 应用程序并创建一个新的文件打开该表格，用户即可在 Excel 中编辑该表格。而从外部导入到 CAD 中的表格，用户可以直接在 CAD 中进行编辑。

实战——调用园林规划表

下面将利用 CAD 的调用外部表格功能，将园林规划表调入 CAD 中，便于使用和编辑，下面介绍操作方法。

Step 01 执行"绘图"→"表格"命令，打开"插入表格"对话框，选择"自数据链接"选项，再单击"启动'数据链接管理器'对话框"按钮，如图 7-69 所示。

Step 02 系统会打开"选择数据链接"对话框，如图 7-70 所示。

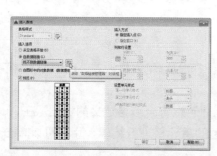

图 7-69 "插入表格"对话框

图 7-70 "选择数据链接"对话框

Step 03 单击"创建新的 Excel 数据链接"选项，在弹出的"输入数据链接名称"对话框中输入名称，如图 7-71 所示。

Step 04 单击"确定"按钮进入到"新建 Excel 数据链接"对话框，再单击"选择文件"按钮，如图 7-72 所示。

图 7-72 "选择文件"按钮

图 7-71 输入名称

Step 05 在打开的"另存为"对话框中选择合适的表格文件，单击"打开"按钮，如图 7-73 所示。

Step 06 返回到"新建 Excel 数据链接"对话框，从中可以预览表格效果，如图 7-74 所示。

图 7-73　选择表格文件

图 7-74　预览效果

Step 07 单击"确定"按钮再返回到"选择数据链接"对话框，继续单击"确定"按钮，如图 7-75 所示。

Step 08 返回到"插入表格"对话框，如图 7-76 所示。

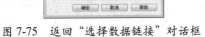

图 7-75　返回"选择数据链接"对话框

图 7-76　返回"插入表格"对话框

Step 09 单击"确定"按钮，在绘图区中指定表格插入点，如图 7-77 示。

Step 10 确定插入点后单击即可完成表格的调用，如图 7-78 所示。

图 7-77　指定插入点

经济技术指标		
总用地面积		29663㎡
总建筑面积		11443㎡
其中	A-主体温室	7206㎡
	B-奇异花卉温室	1558㎡
	C-多浆植物温室	777㎡
	D-高山植物温室	902㎡
	其中	架空层290㎡
		建筑面积613㎡
基底面积		10443㎡
容积率		0.35
建筑密度		35%
绿化率		40%

图 7-78　完成操作

综合演练　为剖面图创建标注

实例路径： 实例 \CH07\ 综合演练 \ 为剖面图创建标注 .dwg
视频路径： 视频 \CH07\ 为剖面图创建标注 .avi

在学习了本章知识内容后，接下来通过具体案例练习来巩固所学的知识，以做到学以致用，为剖面图添加尺寸标注及引线标注。下面具体介绍绘制方法。

Step 01 打开绘制好的剖面图，可以看到图形的尺寸以及材料还未标注，如图 7-79 所示。

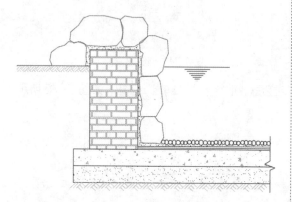

图 7-79　打开图形

Step 02 执行"格式"→"标注样式"命令，打开"标注样式"对话框，如图 7-80 所示。

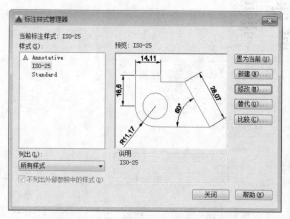

图 7-80　"标注样式管理器"对话框

Step 03 单击"修改"按钮，打开"修改标注样式"对话框，在"主单位"选项卡中设置主单位精度为0，在"调整"选项卡中选择"文字始终保持在尺寸界

线之间"选项，如图 7-81 所示。

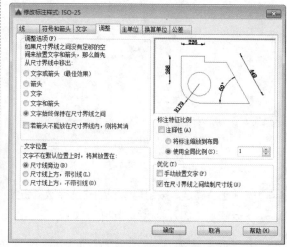

图 7-81　设置"主单位""调整"选项卡

Step 04 在"文字"选项卡中设置文字高度为 40，在"符号和箭头"选项卡中设置箭头样式为"实心闭合"，引线箭头为"小点"，箭头大小为 30，如图 7-82 所示。

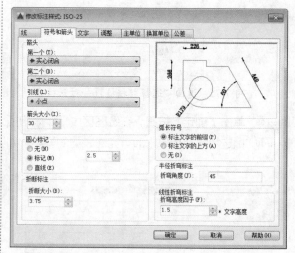

图 7-82　设置"文字""符号和箭头"选项卡

Step 05 最后在"线"选项卡中设置尺寸线及尺寸界线的参数，如图 7-83 所示。

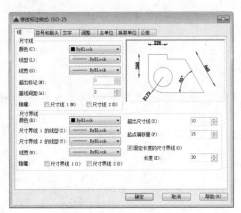

图 7-83　设置"线"选项卡

Step 06〉执行线性、连续标注命令，为剖面图添加尺寸标注，如图 7-84 所示。

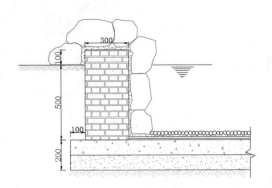

图 7-84　创建尺寸标注

Step 07〉执行快速引线命令，创建引线标注，如图 7-85 所示。

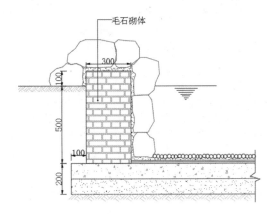

图 7-85　创建引线标注

Step 08〉向上复制引线标注，调整标注内容及标注箭头位置，如图 7-86 所示。

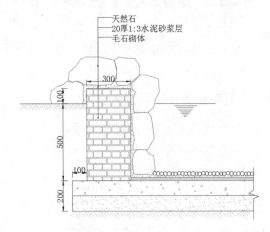

图 7-86　复制并调整引线

Step 09〉照此操作方法完整引线标注的创建，如图 7-87 所示。

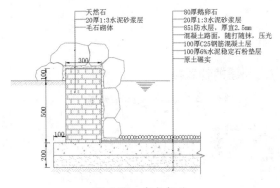

图 7-87　完整标注

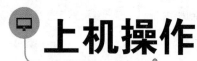

为了让读者能够更好地掌握本章所学习到的知识，在本小节列举几个针对于本章的拓展案例，以供读者练手。

1．为沥青路面及侧石剖面添加标注

为剖面图标注尺寸并添加文字注释，如图 7-88 所示。

⚠ **操作提示：**

Step 01 利用线性、连续命令创建尺寸标注。
Step 02 利用快速标注命令创建引线注释。

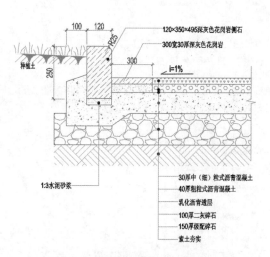

图 7-88 标注剖面图

2．创建植物表格

创建如图 7-89 所示的植物表。

⚠ **操作提示：**

Step 01 创建表格并输入文字。
Step 02 插入植物图块并调整大小及位置。
Step 03 调整表格。

序号	图例	植物名称	规格	单位	数量	备注
1		广玉兰	干径: 8-10cm	株	17	
2		桂花	干径: 12-15cm	株	100	
3		罗汉松	干径: 40cm	株	3	
4		银杏	干径: 80cm	株	1	
5		银杏	干径: 8-10cm	株	28	
6		樟树	干径: 10-12cm	株	132	
7		垂柳	干径: 8-10cm	株	65	
8		水杉	D=8-10cm	株	2	
9		雪松	H: 4.0-5.0m	株	25	
10		木绣球	冠幅: 1.0-1.2m	株	33	
11		荷花		株	100	
12		金叶女贞	冠幅: 20-30cm	株	5760	25-30株/m²
13		春鹃	冠幅: 20-30cm	株	22855	25-30株/m²
14		钻石月季	冠幅: 20-30cm	株	1956	25-30株/m²
15		双面红榉木	冠幅: 20-30cm	株	1836	25-30株/m²
16		台湾青草皮	满铺,纯度90%以上	株	18509.0400	

图 7-89 植物表

第8章

输出、打印与发布图形

输出和打印图形就是将绘制的图形打印显示在图纸上，方便用户调用查看。图形的输出是设计工作中的最后一步，此操作也是必不可少的。本章将主要介绍图纸的输入及输出，以及在打印图形中的布局设置操作。通过本章的学习，读者应掌握图形输入输出和模型空间与图形空间之间切换的方法，并能够打印 AutoCAD 图纸。

知识要点

▲ 图形的输入与输出   ▲ 打印图纸

▲ 模型空间与图纸空间   ▲ 网络应用

8.1 图形的输入与输出

通过 AutoCAD 提供的输入和输出功能，不仅可以将在其他应用软件中处理好的数据导入到 AutoCAD 中，还可以将在 AutoCAD 中绘制好的图形输出成其他格式的图形。

8.1.1 输入图纸

在 AutoCAD 中，用户可以通过以下方式输入图纸：

- 执行"文件"→"输入"命令。
- 执行"插入"→"Windows 图元文件"命令。
- 在"插入"选项卡"输入"面板中单击"输入"按钮 📄。
- 在命令行输入 IMPORT 命令并按回车键。

执行以上任意一种操作即可打开"输入文件"对话框，如图 8-1 所示，从中单击选择根据文件格式和路径选择文件，并单击"打开"按钮即可输入。在其中的"文件类型"下拉列表框中可以看到，系统允许输入"图元文件"、ACIS 及 3D Studio 图形格式的文件，如图 8-2 所示。

图 8-1　"输入文件"对话框

图 8-2　"文件类型"列表

8.1.2　插入 OLE 对象

OLE 是指对象链接与嵌入，用户可以将其他 Windows 应用程序的对象链接或嵌入到 AutoCAD 图形中，或在其他程序中链接或嵌入 AutoCAD 图形。插入 OLE 文件可以避免图片丢失的问题，该功能使用起来非常方便。用户可以通过以下方式调用 OLE 对象命令：

- 执行"插入"→"OLE 对象"命令。
- 在"插入"选项卡"数据"面板中单击"OLE 对象"按钮🖼️。
- 在命令行输入 INSERTOBJ 命令并按回车键。

默认情况下，未打印的 OLE 对象显示有边框。OLE 对象都是不透明的，打印的结果也是不透明的，它们覆盖了其背景中的对象。

🔊 实战——为图纸插入图片素材

下面就利用"插入 OLE 对象"命令，将 Word 文档插入到 AutoCAD 中，操作步骤介绍如下。

Step 01 打开素材图形，如图 8-3 所示。

Step 02 在 AutoCAD 中执行"插入"→"OLE 对象"命令，打开"插入对象"对话框，选择"由文件创建"选项，再单击"浏览"按钮，如图 8-4 所示。

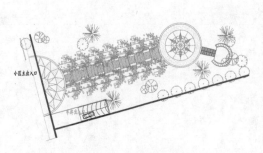

图 8-3　打开素材图形

图 8-4　单击"浏览"按钮

Step 03 打开"浏览"对话框，从中选择需要插入的对象，单击"打开"按钮，如图 8-5 所示。

Step 04 返回到"插入对象"对话框，可以看到文件路径已经发生改变，再勾选"链接"复选框，如图 8-6 所示。

图 8-5　选择插入对象　　　　　　　　图 8-6　返回"插入对象"对话框

Step 05 单击"确定"按钮完成插入操作，即可看到已经将 PSD 格式的图形文件插入到 AutoCAD 中，调整大小，如图 8-7 所示，同时系统会自动启动 Photoshop 应用程序。

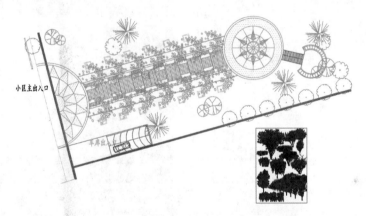

图 8-7　插入素材

8.1.3　输出图纸

用户可以将 AutoCAD 软件中设计好的图形按照指定格式进行输出，调用输出命令的方式包含以下几种：

- 执行"文件"→"输出"命令。
- 在"输出"选项卡"输出为 DWF/PDF"面板中单击"输出"按钮。
- 在命令行输入 EXPORT 命令并按回车键。

8.2　模型空间与图纸空间

AutoCAD 中提供了两种绘图环境：模型空间和图纸空间（布局空间）。在模型中，用户按 1:1 比例绘图，绘制完成后，再以放大或缩小的比例打印图形。图纸空间则提供了一张虚拟图纸，

用户可以在该图纸上布置模型空间的图纸，并设定好缩放比例，打印出图时，将设置好的虚拟图纸以 1:1 的比例打印出来。

8.2.1 模型空间和图纸空间的概念

模型空间和图纸空间都能出图。绘图一般是在模型空间进行。如果一张图中只有一种比例，用模型空间出图即可；单一张图中同时存在几种比例，则应该用图纸空间出图。

这两种空间的主要区别在于：模型空间针对的是图形实体空间，图纸空间则是针对图纸布局空间。在模型空间中需要考虑的只是单个图形能否绘制出或正确与否，而不必担心绘图空间的大小。图纸空间则侧重于图纸的布局，在图纸空间里，用于几乎不需要再对任何图形进行修改和编辑。如图 8-8、图 8-9 所示分别为模型空间和图纸空间的界面。

图 8-8　模型空间

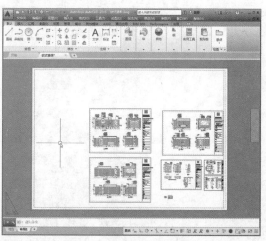

图 8-9　图纸空间

一般在绘图时，先在模型空间内进行绘制与编辑，完成上述工作之后，再进入图纸空间进行布局调整，直至最终出图。

知识拓展

在"布局"空间模式中还可以创建不规则视口。执行"视图"→"视口"→"多边形视口"命令，在布局空间只指定起点和端点，创建封闭的图形，按回车键即可创建不规则视口，或者在"布局"选项卡"布局视口"面板中单击"矩形"按钮，在弹出的下拉列表中选择"多边形"选项。

8.2.2 模型和图纸的切换

在 AutoCAD 中，模型空间与图纸空间是可以相互切换的，下面将对其切换方法进行介绍。

1. 模型空间与图纸空间的切换

● 将鼠标放置在"文件"选项卡上，在弹出的浮动空间中选择"布局"选项。

- 在状态栏左侧单击"布局 1"或者"布局 2"按钮 布局1 。
- 在状态栏中单击"模型"按钮 模型 。

2. 图纸空间与模型空间的切换

- 将鼠标放置在"文件"选项卡上，在弹出的浮动空间中选择"模型"选项。
- 在状态栏左侧的单击"模型"按钮 模型 。
- 在状态栏单击"图纸"按钮 图纸 。
- 在图纸空间中双击鼠标左键，此时激活活动视口然后进入模型空间。

实战——为园林图纸添加图框

下面为绘制完毕的园林图纸添加图框，以便于后期进行打印输出，操作步骤介绍如下。

Step 01 打开素材图形，如图 8-10 所示。

Step 02 右键单击状态栏"模型"按钮，在快捷菜单中选择"从样板"命令，如图 8-11 所示。

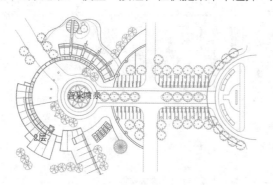

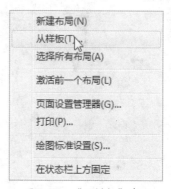

图 8-10　打开素材图形　　　　　　　图 8-11　"从样板"命令

Step 03 在"从文件选择样板"对话框中选择合适的样板文件，如图 8-12 所示。

Step 04 在弹出的"插入布局"对话框中单击"确定"按钮，如图 8-13 所示。

图 8-12　"从文件选择样板"对话框　　　图 8-13　"插入布局"对话框

Step 05 在状态栏"布局"按钮右侧会增加一个名为"D- 尺寸布局"的布局空间，单击该按钮，进入布局空间，再删除蓝色的视图边框，如图 8-14 所示。

Step 06 执行"视图"→"视口"→"一个视口"命令，在视图中指定对角点，如图 8-15 所示。

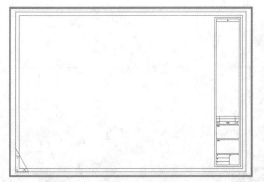

图 8-14　删除视图边框

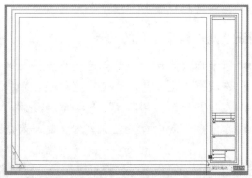

图 8-15　指定视图对角点

Step 07 创建完毕后，可以看到布局空间中的图纸显示效果，如图 8-16 所示。

Step 08 在视图边框内部双击鼠标，边框线会以粗黑线显示，视图内的图形进入可编辑状态，如图 8-17 所示。

图 8-16　布局空间

图 8-17　进入编辑模式

Step 09 调整图纸的显示，再在视图边框外双击鼠标，退出编辑模式，如图 8-18 所示。

Step 10 设置完毕后用户即可对图纸进行打印输出等操作。

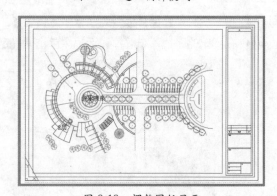

图 8-18　调整图纸显示

8.3　打印图纸

图纸设计的最后一步是出图打印，通常意义上的打印是把图形打印在图纸上，在 AutoCAD 中用户也可以生成一份电子图纸，以便在互联网上访问。打印图形的关键问题之一是打印比例。

图样是按 1：1 的比例绘制的，输出图形时，需考虑选用多大幅面的图纸及图形的缩放比例，有时还要调整图形在图纸上的位置和方向。

8.3.1 设置打印参数

在打印图形之前需要对打印参数进行设置，如图纸尺寸、打印方向、打印区域、打印比例等。在"打印"对话框中可以设置各打印参数，如图 8-19 所示。

用户可以通过以下方式打开"打印"对话框：

● 执行"文件"→"打印"命令。

● 在快速访问工具栏单击"打印"按钮🖨。

● 在"输出"选项卡"打印"面板中单击"打印"按钮。

● 在命令行输入 PLOT 命令并按回车键。

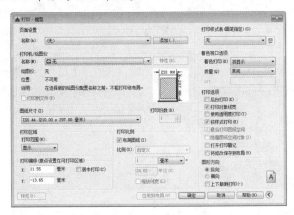

图 8-19　"打印"对话框

知识拓展

在进行打印参数设定时，用户应根据与电脑连接的打印机的类型来综合考虑打印参数的具体值。否则将无法实施打印操作。

8.3.2 预览打印

在设置打印之后，可以预览设置的打印效果，通过打印效果查看是否符合要求，如果不符合要求再关闭预览进行更改，如果符合要求即可继续进行打印。

在 AutoCAD 中，用户可以通过以下方式实施打印预览。

● 执行"文件"→"打印预览"命令。

● 在"输出"选项卡"预览"按钮🔍。

● 在"打印"对话框中设置"打印参数"后，单击左下角的"预览"按钮。

执行以上操作命令后，AutoCAD 即可进入预览模式，如图 8-20 所示。

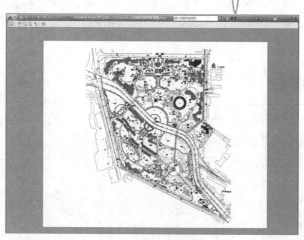

图 8-20　预览模式

知识拓展

打印预览是将图形在打印机上打印到图纸之前，在屏幕上显示打印输出图形后的效果，其主要包括图形线条的线宽、线型和填充图案等。预览后，若需进行修改，则可关闭该视图，进入设置页面再次进行修改。

8.3.3　添加打印样式

打印样式用于修改图形的外观。选择某个打印样式后，图形中的每个对象或图层都具有该打印样式的属性。下面将对其操作进行具体介绍。

Step 01 执行"菜单浏览器"→"打印"→"管理打印样式"命令，在资源管理器中，双击"添加打印样式表向导"图标，如图 8-21 所示。

Step 02 在"添加打印样式表"对话框中单击"下一步"按钮，如图 8-22 所示。

图 8-21　资源管理器列表

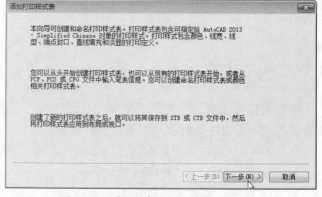

图 8-22　"添加打印样式表"对话框

Step 03 在"添加打印样式表—开始"对话框中，单击"下一步"按钮，如图 8-23 所示

Step 04 在"选择打印样式表"对话框中，单击"下一步"按钮，如图 8-24 所示。

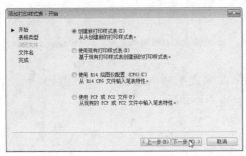
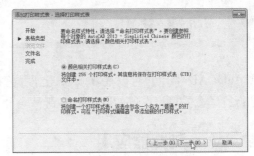

图 8-23   "开始"对话框   图 8-24   "选择打印样式表"对话框

Step 05 在"文件名"对话框中，输入文件名，单击"下一步"按钮，如图 8-25 所示。

Step 06 在"完成"对话框中，单击"完成"按钮，完成打印样式的设置，如图 8-26 所示。

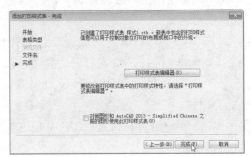

图 8-25   输入文件名   图 8-26   完成打印样式设置

绘图技巧

在"打印 - 模型"对话框中，默认"打印样式"选项为隐藏。若要对其选项进行操作，只需单击"更多选项 ⟩"按钮，其后在打开的扩展列表框中，则可显示"打印样式表"选项。

若要对设置好的打印样式进行编辑修改，可执行"菜单浏览器"→"打印"→"打印"命令，打开"打印 - 模型"对话框，从中在"打印样式表"下拉列表中，选择要编辑的样式列表，如图 8-27 所示。随后单击右侧"编辑📠"按钮，在"打印样式表编辑器"对话框中，根据需要进行相关修改即可，如图 8-28 所示。

图 8-27   选择打印样式选项   图 8-28   修改打印样式

8.4 网络应用

在 AutoCAD 中用户可以在 Internet 上预览图纸，为图纸插入超链接、将图纸以电子文档的形式进行打印，并将设置好的图纸发布到 Web 以供用户浏览等。

8.4.1 Web 浏览器应用

Web 浏览器是通过 URL 获取并显示 Web 网页的一种软件工具。用户可在 AutoCAD 系统内部直接调用 Web 浏览器进入 Web 网络世界。AutoCAD 中的文件"输入"和"输出"命令都具有内置的 Internet 支持功能。通过该功能，可以直接从 Internet 上下载文件，其后就可在 AutoCAD 环境下编辑图形。

用"浏览 Web"对话框，可快速定位到要打开或保存文件的特定的 Internet 位置。可以指定一个默认 Internet 网址，每次打开"浏览 Web"对话框时都将加载该位置。如果不知正确的 URL，或者不想在每次访问 Internet 网址时输入冗长的 URL，则可以使用"浏览 Web"对话框方便地访问文件。

此外，在命令行中直接输入"BROWSER"命令，按回车键，并根据提示信息打开网页。

命令行提示如下：

```
命令：BROWSER
输入网址 (URL) <http://www.autodesk.com.cn>:www.baidu.com
```

8.4.2 超链接管理

超链接就是将 AutoCAD 中的图形对象与其他数据、信息、动画、声音等建立链接关系。利用超链接可实现由当前图形对象到关联图形文件的跳转。其链接的对象可以是现有的文件或 Web 页，也可以是电子邮件地址等。

1. 链接文件或网页

执行"插入"→"超链接"命令，在绘图区中，选择要进行链接的图形对象，按回车键后打开"插入超链接"对话框，如图 8-29 所示。

单击"文件"按钮，打开"浏览 Web - 选择超链接"对话框，如图 8-30 所示。在此选择要链接的文件并单击"打开"按钮，返回到上一层对话框，单击"确定"按钮完成链接操作。

在带有超链接的图形文件中，将光标移至带有链接的图形对象上时，光标右侧则会显示超链接符号，并显示链接文件名称。此时按住 Ctrl 键并单击该链接对象，即可按照链接网址切转到相关联的文件中。

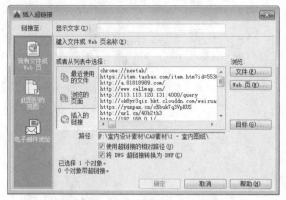

图 8-29 "插入超链接"对话框　　　　　图 8-30 选择需链接的文件

2. 链接电子邮件地址

执行"插入"→"超链接"命令，在绘图区中，选中要链接的图形对象，按回车键后再"插入超链接"对话框中，单击左侧"电子邮件地址"选项卡，其后在"电子邮件地址"文本框中输入邮件地址，并在"主题"文本框中，输入邮件消息主题内容，单击"确定"按钮即可，如图 8-31 所示。

在打开电子邮件超链接时，默认电子邮件应用程序将创建新的电子邮件消息。在此填好邮件地址和主题，最后输入消息内容并通过电子邮件发送。

图 8-31 输入邮件相关内容

8.4.3 电子传递设置

有时用户在发布图纸时，经常会忘记发送字体、外部参照等相关描述文件，这会使得接收时打不开收到的文档，从而造成无效传输。使用电子传递功能，可自动生成包含设计文档及其相关描述文件的数据包，然后将数据包粘贴到 E-mail 的附件中进行发送。这样就大大简化了发送操作，并且保证了发送的有效性。

执行"菜单浏览器"→"发布"命令，在级联菜单中，选择"电子传递"命令，打开"创建传递"对话框，在"文件树"和"文件表"选项卡中设置相应的参数即可，如图 8-32、图 8-33 所示。

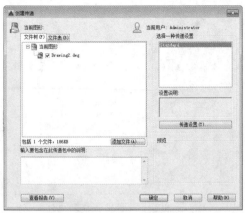

图 8-32 "文件树"选项卡

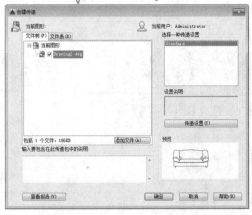

图 8-33 "文件表"选项卡

在"文件树"或"文件表"选项卡中，单击"添加文件"按钮，如图 8-34 所示，将会打开"添加要传递的文件"对话框，如图 8-35 所示。在此选择要包含的文件，单击"打开"按钮，返回到上一层对话框。

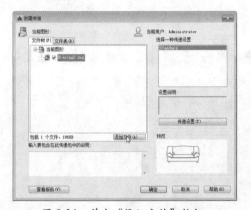

图 8-34 单击"添加文件"按钮

图 8-35 选择所需文件

在"创建传递"对话框中单击"传递设置"按钮，打开"传递设置"对话框，单击"修改"按钮，打开"修改传递设置"对话框，如图 8-36、图 8-37 所示。

图 8-36 "传递设置"对话框

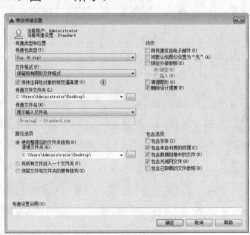

图 8-37 设置传递包

在"修改传递设置"对话框中，单击"传递包类型"下拉按钮，选择"文件夹（文件集）"选项，指定要使用的其他传递选项，如图 8-38 所示。在"传递文件夹"选项组中，单击"浏览"按钮，指定要在其中创建传递包的文件夹，如图 8-39 所示。接着单击"打开""确定"按钮返回上一层对话框，依次单击"关闭""确定"按钮完成在指定文件夹中创建传递包操作。

图 8-38　选择传递包类型

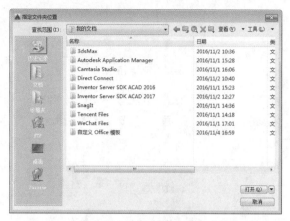
图 8-39　选择创建传递包文件夹

实战——网上发布图纸

为了更好地掌握本章所学的知识内容，接下来通过使用"发布图纸到 Web"知识点，将"三居室布局图"图纸发布到网上，介绍具体方法。

Step 01 打开需要进行发布的文件，执行"文件"→"网上发布"命令，打开"网上发布"页面，并单击"下一步"按钮，如图 8-40 所示。

Step 02 进入"创建 Web 页"页面，在其中设置页面名称，并单击"下一步"按钮，如图 8-41 所示。

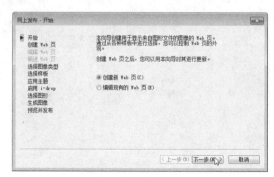
图 8-40　单击"下一步"按钮

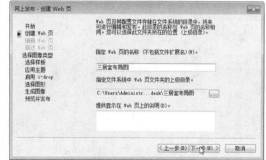
图 8-41　设置网页名称

Step 03 在"选择图像类型"页面中设置发布文件的图像类型和图像大小，如图 8-42 所示。

Step 04 在"选择样板"页面选择一个样板，单击"下一步"按钮，如图 8-43 所示。

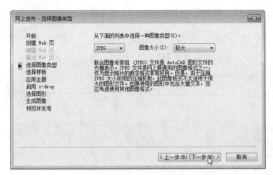

图 8-42　设置图像

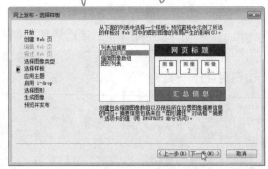

图 8-43　选择样板

Step 05 在打开"应用主题"页面设置主题，如图 8-44 所示，单击"下一步"按钮。

Step 06 进入下一个页面，勾选"启用 i-drop"复选框，继续单击"下一步"按钮，如图 8-45 所示。

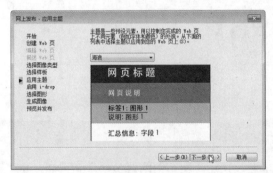

图 8-44　选择主题

图 8-45　启用 i-drop

Step 07 进入"选择图形"页面，单击"添加"按钮即可将模型添加到图像列表中，如图 8-46 所示。

Step 08 在"生成图像"页面单击"重新生成所有图像"单选按钮，然后单击"下一步"按钮，如图 8-47 所示。

图 8-46　单击"添加"按钮

图 8-47　重新生成所有图像

Step 09 打开"预览并发布"对话框，并单击"立即发布"按钮，如图 8-48 所示。

Step 10 此时程序将弹出"发布 Web"对话框提示用户指定发布文件的位置，单击"保存"按钮保存发布，如图 8-49 所示。

图 8-48　单击"立即发布"按钮

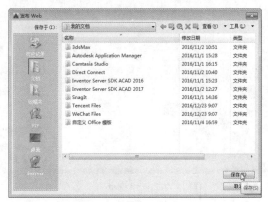

图 8-49　单击"保存"按钮

Step 11 设置完成后系统会提示完成发布，返回对话框并单击"完成"按钮，程序将自动发布图片。

综合演练　设置并打印输出图纸

实例路径：实例 \CH08\ 综合演练 \ 设置并打印输出图纸 .dwg
视频路径：视频 \CH08\ 设置并打印输出图纸 .avi

　　本案例中将创建一个新的图纸空间，对绘制完毕的图纸设置打印参数并打印出图，下面将具体介绍操作方法。

Step 01 打开素材图形文件，如图 8-50 所示。

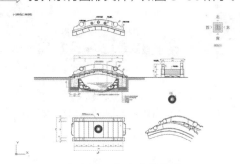

图 8-50　打开素材图形

Step 02 在状态栏左侧单击"布局"按钮，进入布局空间，如图 8-51 所示。

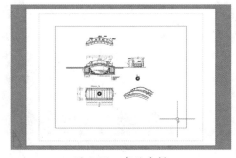

图 8-51　布局空间

Step 03 选择并删除视图边框，如图 8-52 所示。

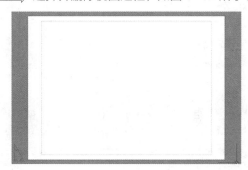

图 8-52　删除视图边框

Step 04 执行"视图"→"视口"→"三个视口"命令，设置视口排列方式为"水平"，如图 8-53 所示。

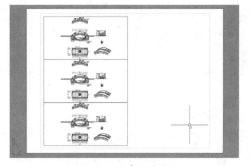

图 8-53　创建三个视口

Step 05 执行拉伸命令，拉伸视口边框，如图 8-54 所示。

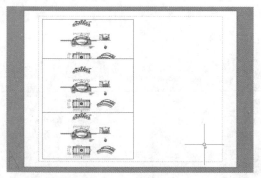

图 8-54　拉伸视口

Step 06 双击其中一个视口进行激活，视口边框会以粗线显示，再执行"视图"→"缩放"→"窗口"命令，放大其中一个图形，如图 8-55 所示。

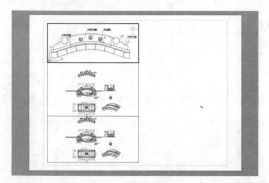

图 8-55　调整视图显示

Step 07 继续创建视口，并调整视口图形，如图 8-56 所示。

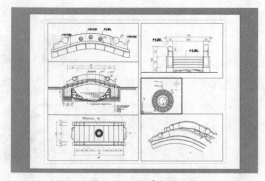

图 8-56　创建视口

Step 08 执行"文件"→"打印"命令，打开"打印"对话框，从中选择打印机，设置图纸尺寸，勾选"布满图纸"及"居中打印"复选框，再设置图形方向为"横向"，设置打印范围为"窗口"，如图 8-57 所示。

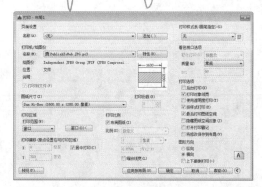

图 8-57　打印设置

Step 09 在图纸中捕捉打印范围，再返回到"打印"对话框，单击"预览"按钮，即可观察预览效果，如图 8-58 所示。

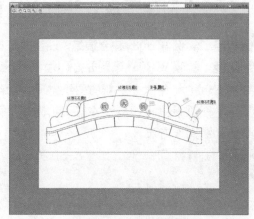

图 8-58　窗口预览效果

Step 10 如在"打印"对话框中设置打印范围为"范围"，再勾选"居中打印"和"布满图纸"复选框，单击"预览"按钮，观察预览效果，如图 8-59 所示。

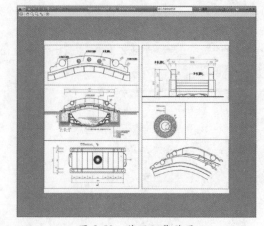

图 8-59　范围预览效果

上机操作

为了让读者更好地掌握本章所学的知识，在此列举几个针对于本章的拓展案例，以供读者练手。

1. 将 DWG 文件输出为 bmp 格式

将如图 8-60 所示的图形输出为 bmp 格式的图片。

⚠ **操作提示：**

Step 01 执行"文件"→"输出"命令，打开"输出数据"对话框。

Step 02 设置输出路径，输出名称和输出格式。

Step 03 单击"保存"按钮完成图形的输出操作。

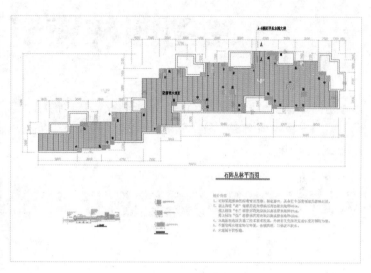

图 8-60 输出图形

2. 创建布局视口

为图纸创建带样板的布局视口，使其能够均匀地显示在图框中，如图 8-61 所示。

⚠ **操作提示：**

Step 01 在状态栏左边的"模型"按钮单击鼠标右键，在快捷菜单中选择"从样板"命令，选择合适的样板。

Step 02 进入布局视口，删除原有的视口边框。

Step 03 重新创建新的视口，并调整图形在视口中的显示。

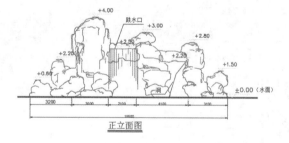

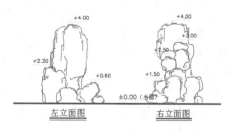

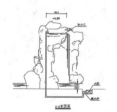

图 8-61 创建布局视口

第9章

绘制园林建筑小品

园林中体量小巧，功能简明，造型别致，富有情趣，选址恰当的精美建筑物，称为园林建筑小品。本章中将选择部分比较具有代表性的建筑小品图形进行绘制，以便读者进一步了解相关知识及绘图技巧。

知识要点

▲ 绘制景观亭　　　　　　　　　▲ 绘制景观指示牌

▲ 绘制宣传栏　　　　　　　　　▲ 绘制园林木桥

9.1　绘制景观亭

亭子是一种中国传统建筑，多建于园林、庙宇，便于行人休息、避雨、乘凉所用，也是用来点缀的一种园林建筑。

9.1.1　绘制景观亭平面图

本小节将利用矩形、偏移、圆角、旋转、图案填充、修剪等命令来绘制景观亭平面图形，操作步骤介绍如下。

Step 01 执行"绘图"→"矩形"及"修改"→"偏移"命令，绘制一个尺寸为3300mm×3300m的矩形，并将其向内偏移275mm，如图9-1所示。

Step 02 继续执行"矩形"及"偏移"命令，绘制尺寸为290mm×290mm的矩形并向内偏移20mm，将其捕捉中点对齐到矩形的左上角，作为柱脚，如图9-2所示。

Step 03 执行"修改"→"复制"命令，捕捉矩形中点向其他三个角复制，再删除内部大矩形，如图9-3所示。

图 9-1 绘制并偏移矩形   图 9-2 绘制并偏移矩形   图 9-3 复制图形

Step 04 将矩形分解，再执行"偏移"及"延伸"命令，将两侧的矩形向外偏移300，再延伸直线封闭两侧，如图9-4所示。

Step 05 执行"绘图"→"矩形"命令，绘制尺寸为2700mm×3500mm的矩形，居中对齐到图形，如图9-5所示。

Step 06 执行"修改"→"圆角"命令，设置圆角半径为130mm，对矩形四个角进行圆角操作，如图9-6所示。

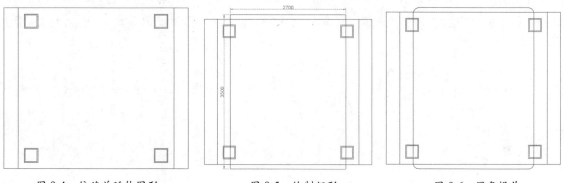

图 9-4 偏移并延伸图形   图 9-5 绘制矩形   图 9-6 圆角操作

Step 07 执行"修改"→"偏移"命令，将圆角矩形向内偏移80mm，如图9-7所示。

Step 08 执行"修改"→"修剪"命令，修剪图形，如图9-8所示。

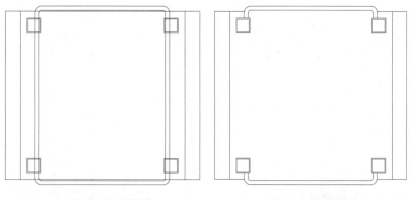

图 9-7 偏移图形   图 9-8 修剪图形

Step 09 执行"绘图"→"直线"命令，捕捉绘制两条直线，绘制出座椅轮廓，如图9-9所示。

Step 10 执行"绘图"→"矩形"命令,绘制尺寸为 1450mm×1450mm 的正方形,再执行"旋转"命令,将矩形复制旋转45°,如图 9-10 所示。

Step 11 执行"修改"→"偏移"命令,偏移图形,偏移尺寸如图 9-11 所示。

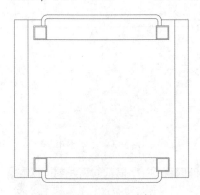
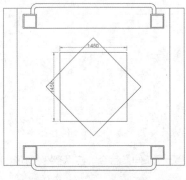
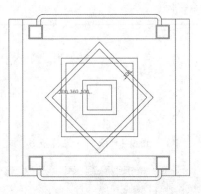

图 9-9 绘制直线　　　　　　图 9-10 绘制并旋转复制图形　　　　　　图 9-11 偏移图形

Step 12 执行"修改"→"修剪"命令,修剪出地面拼花图形,如图 9-12 所示。

Step 13 执行"绘图"→"图案填充"命令,选择图案 DOLMIT,设置比例为 15,填充座椅区域,如图 9-13 所示。

Step 14 继续执行"绘图"→"图案填充"命令,分别选择图案 AR-CONC 和图案 ANSI31 填充地面拼花,如图 9-14 所示。

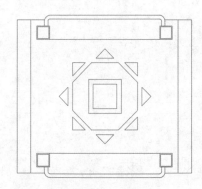
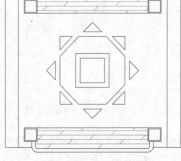
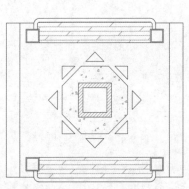

图 9-12 修剪图形　　　　　　图 9-13 填充座椅　　　　　　图 9-14 填充地面拼花

Step 15 执行线性、连续等标注命令,对图形进行尺寸标注,如图 9-15 所示。

Step 16 在命令行中输入 LE 命令,添加引线标注,完成景观亭平面图的绘制,如图 9-16 所示。

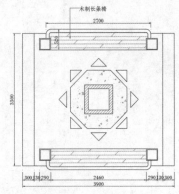

图 9-15 添加尺寸标注　　　　　　图 9-16 添加引线标注

9.1.2 绘制景观亭立面图

本小节将利用直线、矩形、多段线、偏移、修剪、图案填充等命令来绘制景观亭立面图形，操作步骤介绍如下。

Step 01 执行"绘图"→"直线"命令，绘制尺寸为 3900mm×3200mm 的长方形，如图 9-17 所示。

Step 02 执行"修改"→"偏移"命令，偏移图形，如图 9-18 所示。

Step 03 执行"修改"→"修剪"命令，修剪出柱子及底座轮廓，如图 9-19 所示。

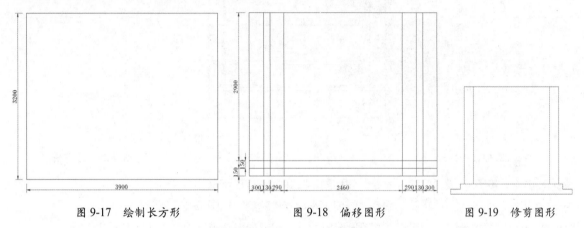

图 9-17 绘制长方形   图 9-18 偏移图形   图 9-19 修剪图形

Step 04 执行"绘图"→"矩形"命令，分别绘制尺寸为 3200mm×150mm 和 4000mm×150mm 的两个矩形，对齐到上方第二条直线，再删除该直线，如图 9-20 所示。

Step 05 执行"绘图"→"直线"命令，绘制图形并进行偏移操作，如图 9-21 所示。

Step 06 执行"绘图"→"多段线"命令，捕捉绘制屋顶，再删除多余图形，如图 9-22 所示。

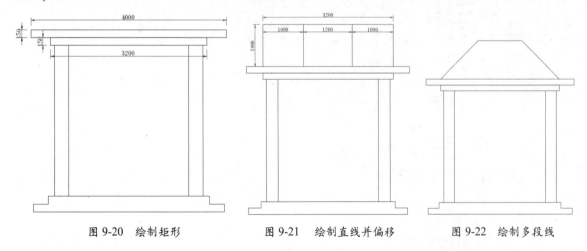

图 9-20 绘制矩形   图 9-21 绘制直线并偏移   图 9-22 绘制多段线

Step 07 执行"修改"→"偏移"命令，将屋顶轮廓向下偏移 30mm，再修剪图形，如图 9-23 所示。

Step 08 执行"修改"→"偏移"命令，继续偏移图形，如图 9-24 所示。

Step 09 执行"修改"→"修剪"命令，修剪出柱子及靠背轮廓，如图 9-25 所示。

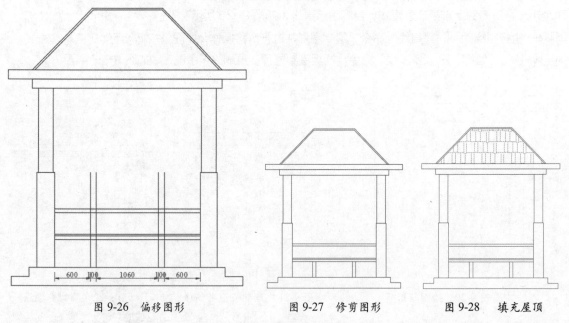

图 9-23　偏移并修改　　　　　图 9-24　偏移图形　　　　　图 9-25　修剪图形

Step 10〉执行"修改"→"偏移"命令，偏移图形，如图 9-26 所示。

Step 11〉执行"修改"→"修剪"命令，修剪出座椅支柱轮廓，如图 9-27 所示。

Step 12〉执行图案填充命令，选择图案 AR-RSHKE，对屋顶位置进行填充，如图 9-28 所示。

图 9-26　偏移图形　　　　　图 9-27　修剪图形　　　　　图 9-28　填充屋顶

Step 13〉继续执行"绘图"→"图案填充"命令，选择图案 JIS_WOOD，设置角度为 135，比例为 50，填充柱子图形，再选择图案 ANSI32，设置角度为 45，比例为 15，填充座椅靠背，如图 9-29 所示。

Step 14〉执行线性、连续等标注命令，对图形进行尺寸标注，如图 9-30 所示。

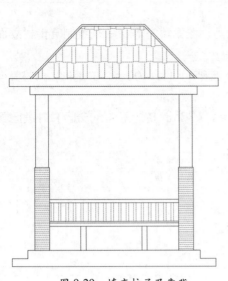

图 9-29　填充柱子及靠背

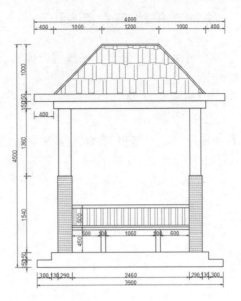

图 9-30　添加尺寸标注

Step 15 在命令行中输入 LE 命令，添加引线标注，如图 9-31 所示。

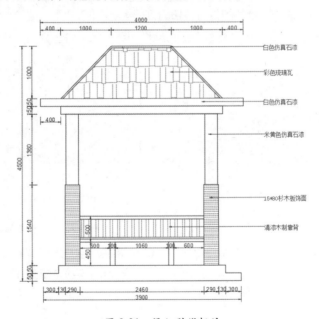

图 9-31　添加引线标注

9.2 绘制宣传栏

宣传栏主要用于自我宣传及展示，常被建于小区的出入口或文化广场、活动中心等附近。当今社会是一个信息时代，宣传栏的作用不可忽视。

9.2.1 绘制宣传栏正立面图

本小节将利用直线、矩形、多段线、偏移、修剪、图案填充等命令来绘制宣传栏立面图形，操作步骤介绍如下。

Step 01 执行"绘图"→"矩形"命令，绘制尺寸为 2600mm×1400mm 的矩形，再将其向内偏移 80mm，如图 9-32 所示。

Step 02 再执行"绘图"→"矩形"命令，绘制尺寸为 500mm×30mm 的矩形作为节能灯，并进行复制操作，移动到合适的位置，如图 9-33 所示。

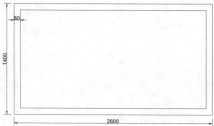

图 9-32 绘制并偏移矩形

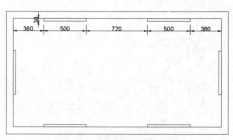

图 9-33 绘制并复制矩形

Step 03 执行"绘图"→"矩形"命令，分别绘制尺寸为 200mm×2100mm 和两个 5mm×600mm 的矩形作柱子造型，并将其移动到合适的位置，如图 9-34 所示。

Step 04 执行"修改"→"镜像"命令，将柱子图形镜像到另一侧，如图 9-35 所示。

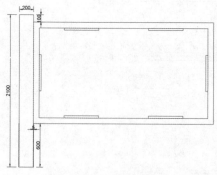

图 9-34 绘制矩形柱子

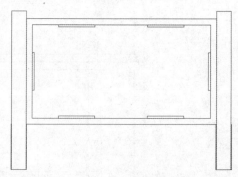

图 9-35 镜像复制图形

Step 05 执行矩形、复制命令，绘制尺寸为 32mm×100mm 的矩形并进行复制，如图 9-36 所示。

Step 06 执行矩形、偏移命令，绘制尺寸为 3645mm×149mm 的矩形并向内偏移 45mm，移动到图形上方合适位置作为宣传栏雨挡，如图 9-37 所示。

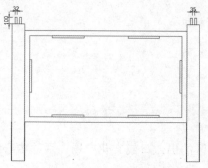

图 9-36 绘制并复制矩形

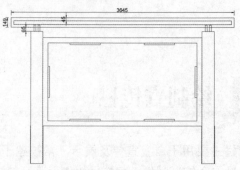

图 9-37 绘制并偏移矩形

Step 07 执行"修改"→"修剪"命令，修剪被覆盖的区域，如图 9-38 所示。

Step 08 将内部矩形分解，再执行"修改"→"偏移"命令，按照如图 9-39 所示的尺寸进行偏移操作。

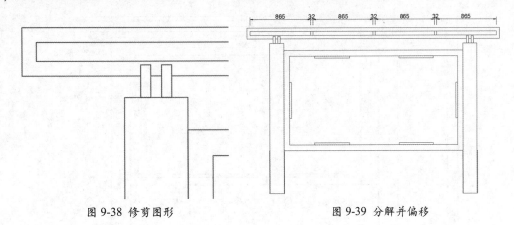

图 9-38 修剪图形　　　　　　　　　　图 9-39 分解并偏移

Step 09 执行"绘图"→"直线"命令，绘制装饰线，如图 9-40 所示。

Step 10 执行"绘图"→"多段线"命令，绘制一条长 4400mm，宽为 10mm 的多段线，如图 9-41 所示。

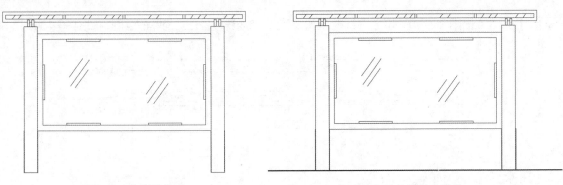

图 9-40 绘制装饰线　　　　　　　　　　图 9-41 绘制多段线

Step 11 执行"绘图"→"样条曲线"命令，绘制样条曲线作为植物轮廓，并对图形进行复制，如图 9-42 所示。

Step 12 执行"修改"→"修剪"命令，修剪图形，如图 9-43 所示。

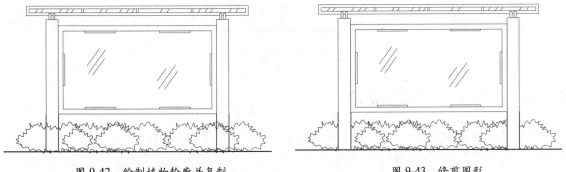

图 9-42 绘制植物轮廓并复制　　　　　　图 9-43 修剪图形

Step 13 依次执行线性、连续标注命令，为立面图添加尺寸标注，如图 9-44 所示。

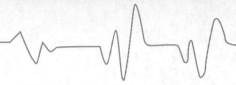
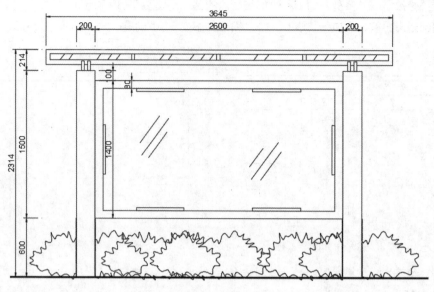

图 9-44　尺寸标注

Step 14 最后为立面图添加快速引线，并调整图形颜色，完成宣传栏正立面图的绘制，如图 9-45 所示。

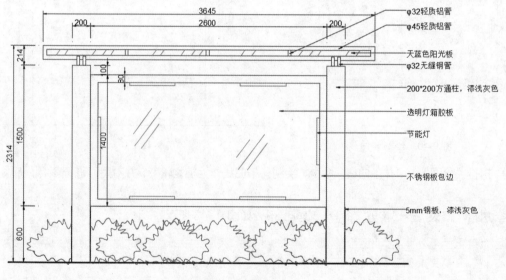

图 9-45　快速引线

9.2.2　绘制宣传栏侧立面图

　　本小节将利用多段线、修剪、插入块等命令，来绘制宣传栏侧立面图。具体操作如下。

Step 01 执行"绘图"→"矩形"命令，分别绘制尺寸为 200mm × 1500mm 及 400mm × 600mm 的矩形，再将矩形对齐，如图 9-46 所示。

Step 02 执行"绘图"→"多段线"命令，绘制一条由直线段和弧线段组成的多段线，如图 9-47 所示。

Step 03 执行"修改"→"修剪"命令，修剪图形，如图 9-48 所示。

Step 04 执行"绘图"→"矩形"命令，绘制尺寸为 32mm×100mm 的矩形放置到图形顶部，如图 9-49 所示。

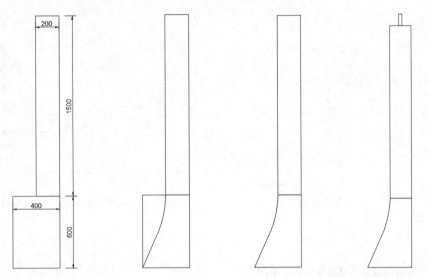

图 9-46　绘制矩形　　图 9-47　绘制多段线　　图 9-48　修剪图形　　图 9-49　绘制矩形

Step 05 执行"绘图"→"矩形"命令，绘制尺寸为 1200mm×45mm 的矩形，再执行"旋转"命令，将矩形逆时针旋转 5°，移动到图形顶部位置，如图 9-50 所示。

Step 06 执行"绘图"→"多段线"命令，绘制一条长为 2000mm、宽为 10mm 的多段线，放置到图形底部，如图 9-51 所示。

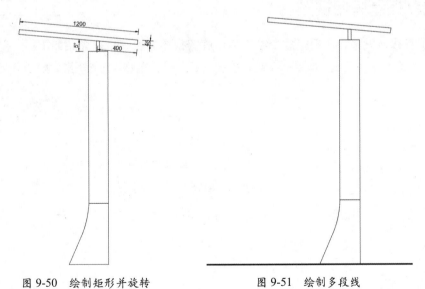

图 9-50　绘制矩形并旋转　　　　　图 9-51　绘制多段线

Step 07 执行"插入"→"块"命令，为立面图插入人物图块，移动到合适的位置，如图 9-52 所示。

Step 08 为立面图添加尺寸标注和引线标注，至此完成侧立面图的绘制，如图 9-53 所示。

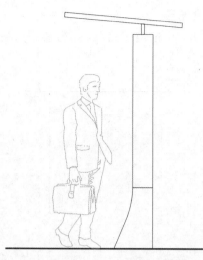

图 9-52　插入人物图块

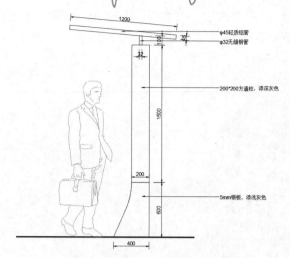

图 9-53　添加尺寸标注及引线标注

9.3　绘制景观指示牌

景观指示牌作为指导性标识物，具有十分重要的现实意义。关键在于创造具有冲击力的视觉符号，使人由此产生兴趣并有认同感，达到塑造景观形象、吸引人的目的。

9.3.1　绘制指示牌俯视图

下面利用直线、偏移、修剪等命令绘制指示牌俯视图，绘制步骤介绍如下：

Step 01 执行"绘图"→"直线"命令，绘制尺寸为 1500mm×300mm 的矩形，如图 9-54 所示。

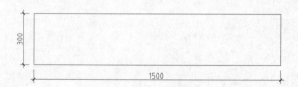

图 9-54　绘制矩形

Step 02 执行"修改"→"偏移"命令，偏移图形，具体偏移尺寸如图 9-55 所示。

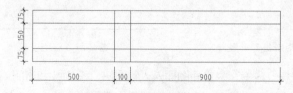

图 9-55　偏移图形

Step 03 执行"修改"→"修剪"命令，修剪图形，如图 9-56 所示。

图 9-56　修剪图形

Step 04 执行线性、连续标注命令，为图形添加尺寸标注，如图 9-57 所示。

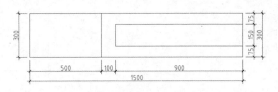

图 9-57　尺寸标注

Step 05 执行"快速引线"命令，为俯视图添加引线标注，完成指示牌俯视图的绘制，如图 9-58 所示。

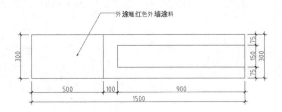

图 9-58　引线标注

9.3.2　绘制指示牌正立面图

下面利用直线、矩形、圆、偏移、修剪等命令绘制指示牌正立面图，绘制步骤介绍如下：

Step 01 执行"绘图"→"直线"命令，绘制尺寸为 1500mm×1500mm 的正方形，如图 9-59 所示。

Step 02 执行"修改"→"偏移"命令，偏移图形，具体偏移尺寸如图 9-60 所示。

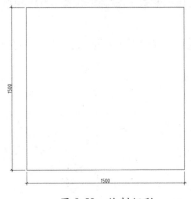

图 9-59　绘制矩形

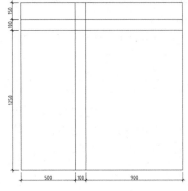

图 9-60　偏移图形

Step 03 执行"修改"→"修剪"命令，修剪图形，如图 9-61 所示。

Step 04 继续执行"修改"→"偏移"命令，偏移图形，再执行"绘图"→"圆"命令，捕捉绘制半径为 150mm 的圆,如图 9-62 所示。

图 9-61　修剪图形

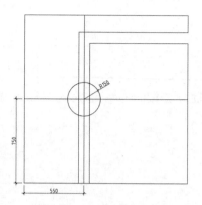

图 9-62　偏移并绘制圆

Step 05 执行"修改"→"修剪"命令,修剪并删除多余图形,如图 9-63 所示。

Step 06 执行"绘图"→"矩形"命令,绘制尺寸为 650mm×950mm 的矩形并放置到合适的位置,如图 9-64 所示。

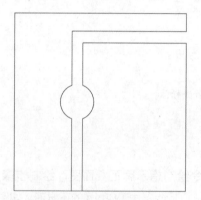

图 9-63　修剪并删除图形

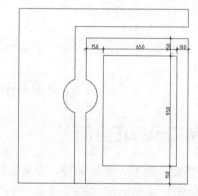

图 9-64　绘制矩形

Step 07 执行"绘图"→"圆"命令,绘制直径为 25mm 的圆并移动到合适的位置,再对圆形进行镜像复制,如图 9-65 所示。

Step 08 执行"插入"→"块"命令,插入景观路线图图块,调整到合适的位置,如图 9-66 所示。

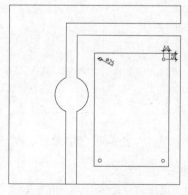

图 9-65　绘制并镜像圆形

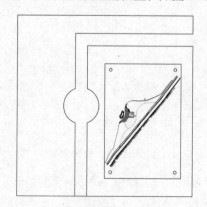

图 9-66　插入图块

Step 09 执行"多行文字"命令，设置字体为黑体，高度为 100，再设置 1.5 倍行距，创建文字，调整到合适的位置，如图 9-67 所示。

Step 10 执行"绘图"→"多段线"命令，绘制长为 1650mm、宽为 10mm 的多段线，如图 9-68 所示。

Step 11 依次执行线性、连续、半径标注命令，添加尺寸标注，如图 9-69 所示。

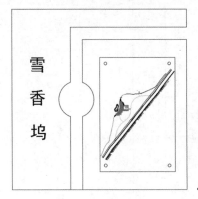

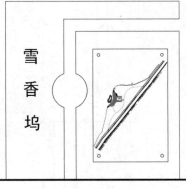

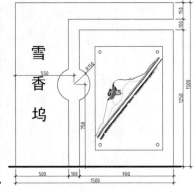

图 9-67　创建多行文字　　　　　图 9-68　绘制多段线　　　　　图 9-69　尺寸标注

Step 12 执行快速引线命令，为图形添加引线标注，完成指示牌正立面图的绘制，如图 9-70 所示。

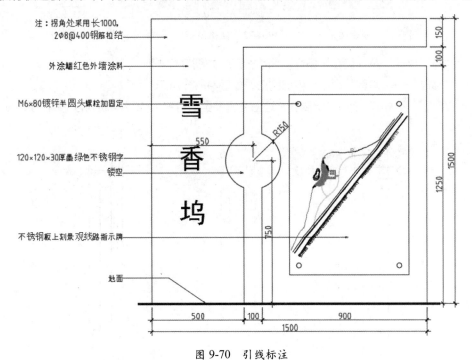

图 9-70　引线标注

9.3.3　绘制指示牌剖面图

下面利用直线、矩形、圆、偏移、修剪等命令绘制指示牌剖面图，绘制步骤介绍如下：

Step 01 执行"绘图"→"直线"命令，绘制尺寸为 2600mm×700mm 的长方形，如图 9-71 所示。

Step 02 执行"修改"→"偏移"命令，偏移图形，具体偏移尺寸如图 9-72 所示。

Step 03 执行"修改"→"修剪"命令，修剪图形，如图 9-73 所示。

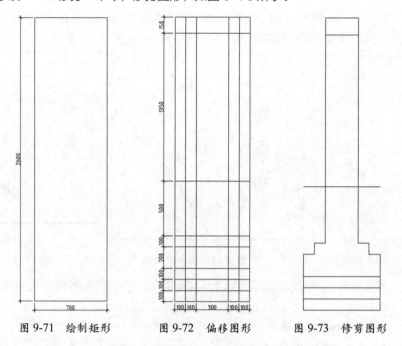

图 9-71 绘制矩形   图 9-72 偏移图形   图 9-73 修剪图形

Step 04 继续执行"修改"→"偏移"命令，偏移图形，如图 9-74 所示。

Step 05 执行"修改"→"修剪"命令，修剪图形，如图 9-75 所示。

Step 06 执行"绘图"→"矩形"命令，绘制 3 个矩形并调整全局宽度为 10，移动到合适的位置，如图 9-76 所示。

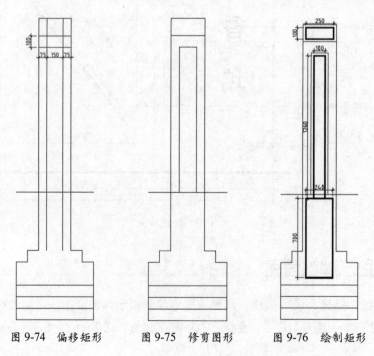

图 9-74 偏移矩形   图 9-75 修剪图形   图 9-76 绘制矩形

Step 07 执行 "绘图" → "多段线" 命令，绘制两条多段线，设置全局宽度为 10，如图 9-77 所示。

Step 08 执行圆及图案填充命令，绘制半径为 5mm 的圆并进行实体填充，如图 9-78 所示。

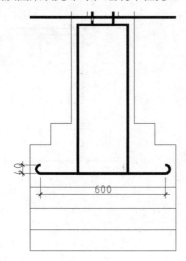

图 9-77　绘制多段线　　　　图 9-78　绘制圆并填充

Step 09 执行 "绘图" → "矩形" 命令，绘制一个尺寸为 1050mm×10mm 的矩形和两个 25mm×10mm 的矩形，如图 9-79 所示。

Step 10 执行 "修改" → "圆角" 命令，设置圆角半径为 5mm，对矩形进行圆角操作，再修剪图形，如图 9-80 所示。

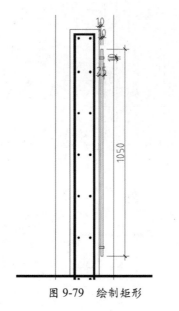
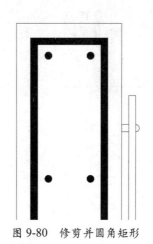

图 9-79　绘制矩形　　　　图 9-80　修剪并圆角矩形

Step 11 执行图案填充命令，选择图案 AR-CONC，设置比例为 0.6，颜色为灰色，填充混凝土区域，如图 9-81 所示。

Step 12 继续执行图案填充命令，选择图案 AR-CONC，设置比例为 1；选择图案 HONEY，设置比例为 5，再选择图案 EARTH，设置比例为 10，角度为 45，填充地下基层，如图 9-82 所示。

Step 13 修剪并删除多余图形，如图 9-83 所示。

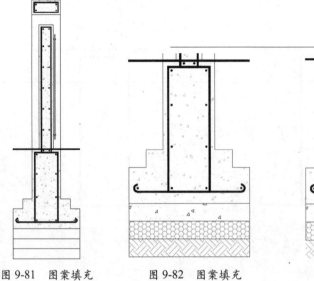

图 9-81　图案填充　　　　图 9-82　图案填充　　　　图 9-83　修剪图形

Step 14 执行线性及连续标注命令，为图形添加尺寸标注，如图 9-84 所示。

Step 15 为图形添加快速引线标注，完成指示牌剖面图的绘制，如图 9-85 所示。

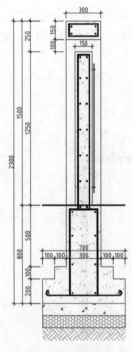

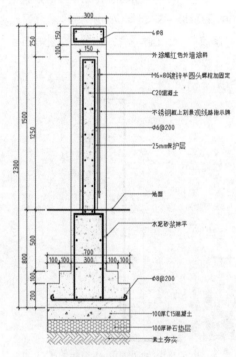

图 9-84　尺寸标注　　　　　　　　图 9-85　引线标注

9.4　绘制园林木桥

园林中的桥是风景桥，是风景景观的一个重要组成部分。本小节中要绘制的是园林桥中的平桥，简朴雅致，紧贴水面，便于观赏水中倒影，池中游鱼，别有一番乐趣。

9.4.1 绘制园林木桥平面图

下面将利用矩形、多段线、圆、偏移、修剪等命令来绘制园林木桥平面图，操作步骤介绍如下。

Step 01 执行"绘图"→"矩形"命令，绘制尺寸为 4600mm×1800mm 的矩形，如图 9-86 所示。

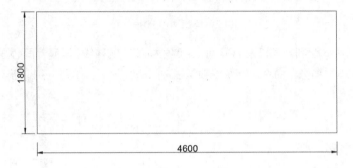

图 9-86　绘制矩形

Step 02 将矩形分解，再执行"修改"→"偏移"命令，设置偏移尺寸为 100mm，对图形进行偏移操作，如图 9-87 所示。

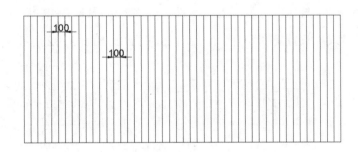

图 9-87　分解并偏移图形

Step 03 继续执行"偏移"命令，偏移图形，如图 9-88 所示。

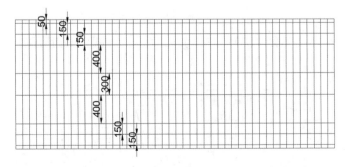

图 9-88　偏移图形

Step 04 执行"绘图"→"圆"命令，分别绘制半径为 75mm 和 40mm 的同心圆，再进行复制操作，如图 9-89 所示。

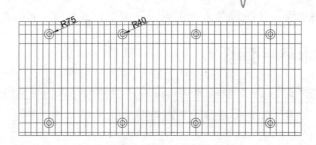

图 9-89　绘制同心圆并复制

Step 05 执行"直线"命令，绘制一条长为 700mm、夹角为 30° 的斜线，再复制同心圆，如图 9-90 所示。

Step 06 执行"修改"→"镜像"命令，镜像复制斜线及同心圆图形，如图 9-91 所示。

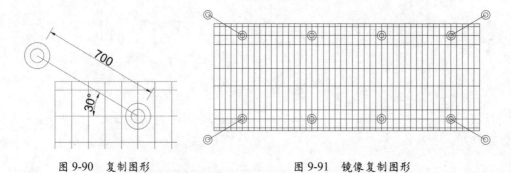

图 9-90　复制图形　　　　　　　　　　图 9-91　镜像复制图形

Step 07 执行"偏移"命令，设置偏移尺寸为 40mm，偏移图形，如图 9-92 所示。

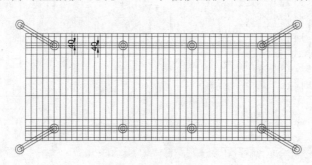

图 9-92　偏移图形

Step 08 执行"修改"→"修剪"命令，修剪并删除多余图形，如图 9-93 所示。

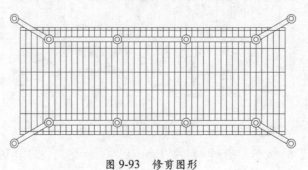

图 9-93　修剪图形

Step 09 > 执行"矩形"命令，分别绘制尺寸为 40mm×30mm 和 40mm×60mm 的两个矩形，移动到合适位置并进行复制旋转操作，如图 9-94 所示。

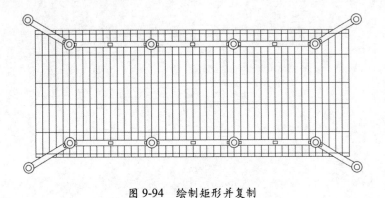

图 9-94　绘制矩形并复制

Step 10 > 调整图形颜色及线型，如图 9-95 所示。

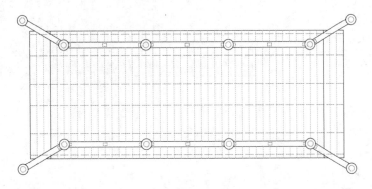

图 9-95　调整图形特性

Step 11 > 执行多段线命令，绘制两条多段线作为护坡轮廓以及路面轮廓，如图 9-96 所示。

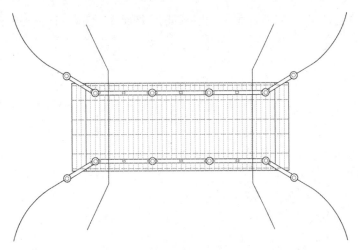

图 9-96　绘制多段线

Step 12 > 执行修订云线命令，绘制云线作为植被轮廓，如图 9-97 所示。

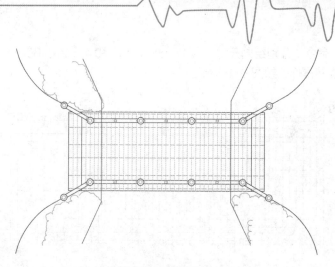

图 9-97　绘制植被

Step 13 执行"插入"→"块"命令，插入石块、植物、人物图形并进行复制或缩放，如图 9-98 所示。

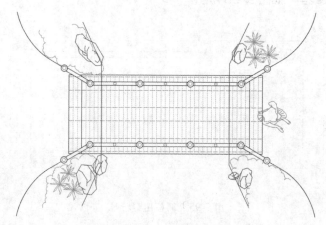

图 9-98　插入图块

Step 14 依次执行线性、连续、对齐标注命令，为平面图添加尺寸标注，如图 9-99 所示。

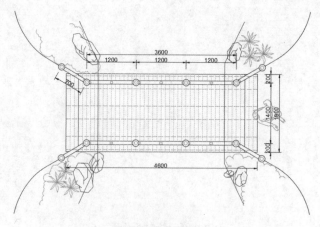

图 9-99　尺寸标注

Step 15 最后添加引线标注及图示，完成园林木桥平面图的绘制，如图 9-100 所示。

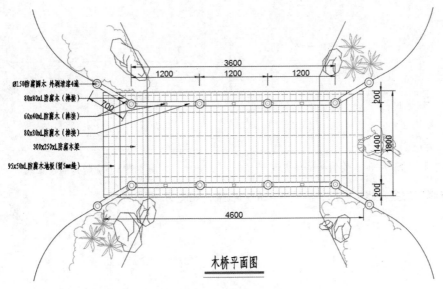

图 9-100　引线标注及图示

9.4.2　绘制园林木桥立面图

本小节将利用直线、矩形、多段线、圆角、偏移、镜像等命令来绘制木桥立面图形，操作步骤介绍如下：

Step 01 执行"绘图"→"矩形"命令，分别绘制尺寸为 150mm×150mm、80mm×20mm、150mm×650mm 三个矩形，并将矩形对齐，如图 9-101 所示。

Step 02 执行"修改"→"圆角"命令，设置圆角半径为 20mm，对图形进行圆角操作，绘制出桥柱，如图 9-102 所示。

Step 03 复制桥柱图形，设置间距为 1050mm，如图 9-103 所示。

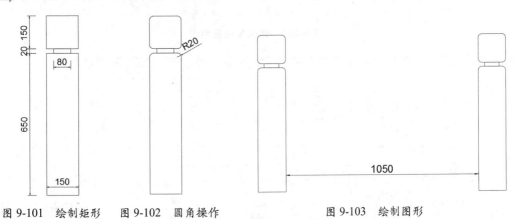

图 9-101　绘制矩形　　图 9-102　圆角操作　　　　　图 9-103　绘制图形

Step 04 执行直线和偏移命令，绘制直线并进行偏移操作，如图 9-104 所示。

Step 05 执行直线和偏移命令，继续绘制直线并进行偏移操作，如图 9-105 所示。

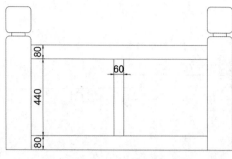

图 9-104　绘制并偏移直线

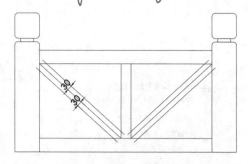

图 9-105　绘制并偏移直线

Step 06 执行修剪命令，修剪图形，再删除多余的线条，如图 9-106 所示。

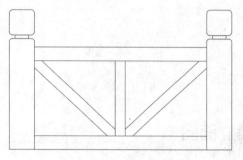

图 9-106　修剪并删除图形

Step 07 执行"修改"→"镜像"命令，镜像复制图形，如图 9-107 所示。

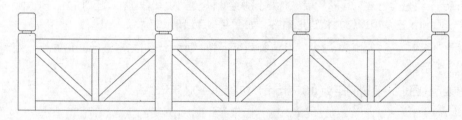

图 9-107　镜像复制图形

Step 08 依次执行直线、偏移命令，绘制直线并进行偏移操作，具体尺寸如图 9-108 所示。

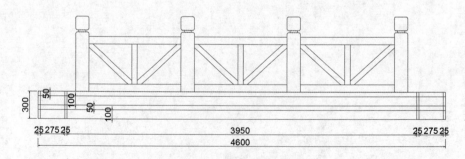

图 9-108　绘制并偏移直线

Step 09 执行"修改"→"修剪"命令，修剪并删除图形，如图 9-109 所示。

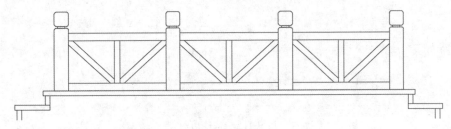

图 9-109　修剪图形

Step 10 执行直线命令，绘制一条长为 6000mm 的直线，如图 9-110 所示。

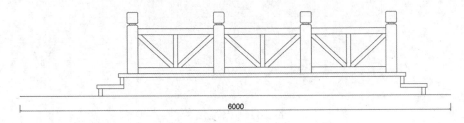

6000

图 9-110　绘制直线

Step 11 复制桥柱图形，设置间距为 456mm，如图 9-111 所示。

Step 12 执行延伸、复制等命令，绘制桥墩扶手，如图 9-112 所示。

Step 13 依次执行直线、偏移、修剪命令，绘制斜线再偏移 30mm 的距离，修剪并删除多余图形，如图 9-113 所示。

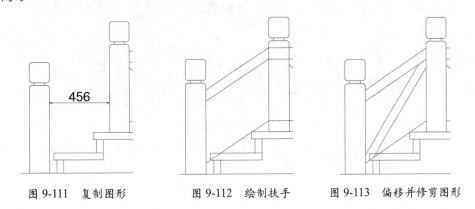

456

图 9-111　复制图形　　　图 9-112　绘制扶手　　　图 9-113　偏移并修剪图形

Step 14 执行镜像命令，将绘制的桥柱及扶手图形镜像复制到另一侧，如图 9-114 所示。

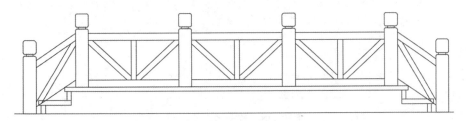

图 9-114　镜像复制图形

Step 15 执行偏移命令，设置偏移尺寸为 100mm，偏移出木地板图形，如图 9-115 所示。

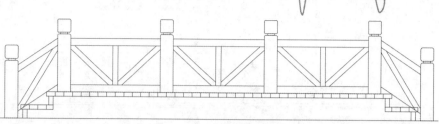

图 9-115　偏移图形

Step 16 执行图案填充命令，选择木纹图案，填充木梁，如图 9-116 所示。

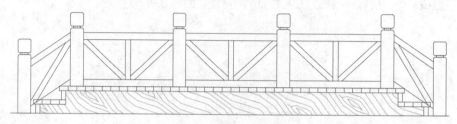

图 9-116　填充图案

Step 17 执行多段线命令，绘制一个 U 形多段线作为河道，具体尺寸如图 9-117 所示。

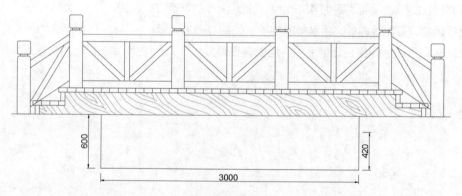

图 9-117　绘制河道

Step 18 执行直线命令，绘制水面及水纹，如图 9-118 所示。

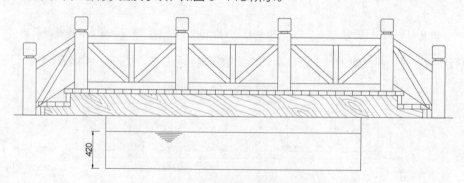

图 9-118　绘制水面及水纹

Step 19 执行"插入"→"块"命令，插入树木和人物图块，如图 9-119 所示。

图 9-119　插入图块

Step 20 分解人物图块，执行"修剪"命令，修剪被桥栏覆盖住的图形，如图 9-120 所示。

图 9-120　修剪图形

Step 21 为立面图添加尺寸标注，如图 9-121 所示。

图 9-121　尺寸标注

Step 22 为立面图添加引线标注以及图示，完成木桥立面图的绘制，如图 9-122 所示。

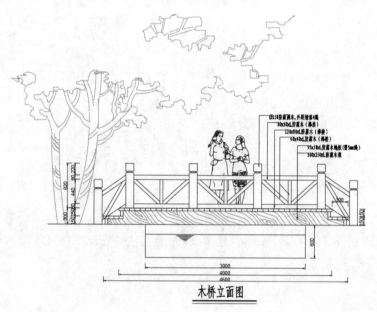

图 9-122 完成绘制

第10章

绘制校园广场绿化设计平面图

校园广场是大学校园的有机构成元素之一，扮演着校园"起居室"的角色，其品质的好坏，直接影响着校园生活质量的高低。绿化植物不仅是广场的物质组成之一，对形成广场整体文化特色起到重要作用，而且有时甚至还承担了其中的主题角色。植物的形式就像"设计需要和环境质量一样是文化的特征属性"，本身就表达了设计理念和审美的追求。

本章中以校园广场中图书馆前及学生公寓前的广场为例进行绿化设计，表现绿化植物在广场设计中的应用。

知识要点

▲ 图书馆广场设计　　　　　　　　▲ 学生公寓广场设置

10.1 图书馆广场设计

图书馆门前的广场面积较小，本次设计中主要利用中轴对称的造型以及松树等植物来烘托图书馆大楼的稳重及严谨。

10.1.1 规划图书馆广场

本小节要先对广场的布局进行重新规划，主要利用矩形、圆角、镜像等命令绘制出广场的对称布局，绘制步骤介绍如下。

Step 01 打开图书馆广场现状图形，如图 10-1 所示。

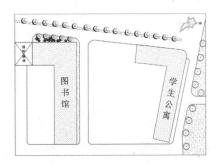

图 10-1　打开现状图形

Step 02 执行矩形命令，在图书馆广场区域绘制多个尺寸的矩形放置到合适的位置，如图 10-2 所示。

Step 03 依次执行圆、圆角命令，先绘制半径为 900mm 的圆，再绘制半径分别为 2000mm 和 3000mm 的两个圆角矩形，如图 10-3 所示。

Step 04 执行修剪命令，修剪图形，再执行镜像命令，镜像复制修剪下的圆弧，如图 10-4 所示。

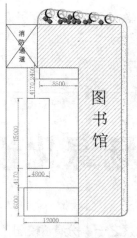
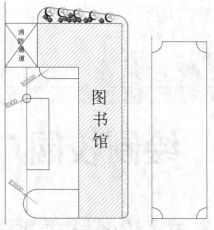

图 10-2　绘制矩形　　　图 10-3　圆角并绘制圆　　　图 10-4　镜像复制图形

Step 05 继续执行修剪命令，修剪图形，如图 10-5 所示。

Step 06 依次执行偏移、修剪命令，将图形向内偏移 150mm，修剪图形，绘制出花坛轮廓，如图 10-6 所示。

Step 07 执行偏移命令，再偏移出 120mm 的路牙石轮廓，如图 10-7 所示。

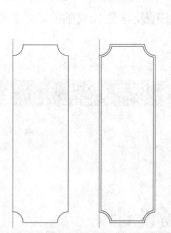
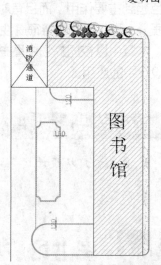

图 10-5　修剪图形　图 10-6　偏移并修剪图形　　　图 10-7　偏移图形

Step 08 复制花坛图形，设置间隔为 3500mm，如图 10-8 所示。

Step 09 执行修剪命令，修剪被覆盖的图形，如图 10-9 所示。

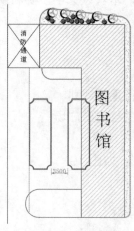
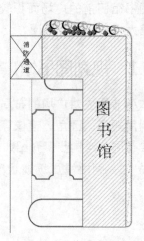

图 10-8　复制图形　　　　图 10-9　修剪图形

10.1.2　绘制图书馆广场绿化平面图

　　图书馆广场面积不是很大，几种不同类型的植物种植，经典且精致，位于广场中间的"学海无涯"石雕是主体，两棵松树以及简单的几棵铺地柏、水蜡球等，高低错落，使广场更具立体感，丰富了景观的内涵。

Step 01 执行样条曲线命令，绘制曲线造型，如图 10-10 所示。

Step 02 依次执行圆、镜像命令，绘制半径为 400mm 的圆并进行镜像复制，如图 10-11 所示。

Step 03 执行图案填充命令，选择图案 AR-SAND，填充草皮区域，如图 10-12 所示。

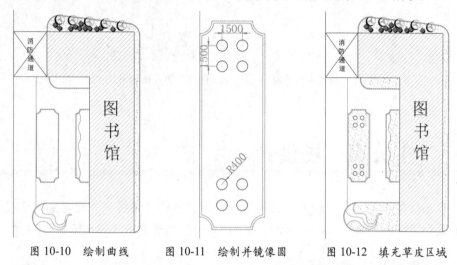

图 10-10　绘制曲线　　　图 10-11　绘制并镜像圆　　　图 10-12　填充草皮区域

Step 04 执行图案填充命令，选择图案 AR-CONC，填充宿根花卉区域，如图 10-13 所示。

Step 05 执行图案填充命令，选择图案 EARTH，填充作云杉篱，如图 10-14 所示。

Step 06 执行图案填充命令，选择图案 ANGLE，填充广场地面区域，如图 10-15 所示。

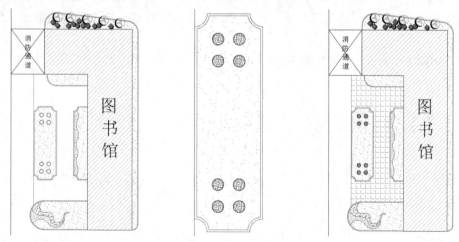

图 10-13　填充宿根花卉区域　　图 10-14　填充云杉篱区域　　图 10-15　填充地面区域

Step 07 执行"插入"→"块"命令，插入石刻图块，放置到花坛正中区域，如图 10-16 所示。

Step 08 执行"插入"→"块"命令，插入松树、杜松、铺地柏、水蜡球、梓树图块，分别调整图形大小及位置，再复制云杉图形，至此完成图书馆广场区域的绿化平面图，如图 10-17 所示。

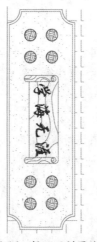
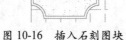

图 10-16　插入石刻图块

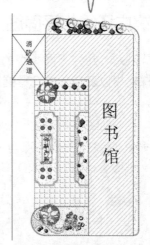

图 10-17　插入植物图块

10.2　学生公寓广场设计

　　学生公寓前面的广场面积比较大,在规划上采用较多的曲线线条,显得生动活泼,比较符合学生青春蓬勃的性格。植物采用花卉及绿植等,更为广场的绿化添加一抹生动。

10.2.1　规划学生公寓广场

　　学生公寓门前的广场面积较大,有足够发挥的空间。本小节主要介绍学生公寓广场空间的规划设计,主要利用到偏移、修剪、圆角、图案填充等命令,具体步骤介绍如下。

Step 01 将视角移动到学生公寓前的广场,捕捉建筑边缘绘制直线,再执行偏移命令,偏移出如图 10-18 示的尺寸。

Step 02 执行修剪命令,修剪图形,如图 10-19 所示。

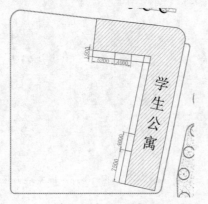

图 10-18　偏移图形

图 10-19　修剪图形

Step 03 执行圆角命令,设置圆角半径为 1000mm,对图形执行圆角操作,制作出绿化带轮廓,如图 10-20 所示。

Step 04 执行偏移命令，偏移出 120mm 的路牙石轮廓，如图 10-21 所示。

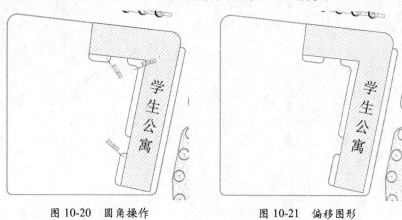

图 10-20　圆角操作　　　　　　图 10-21　偏移图形

Step 05 执行偏移命令，偏移如图 10-22 所示的尺寸。

Step 06 依次执行延伸、圆角命令，延伸图形，再设置创建圆角，制作出道路轮廓，如图 10-23 所示。

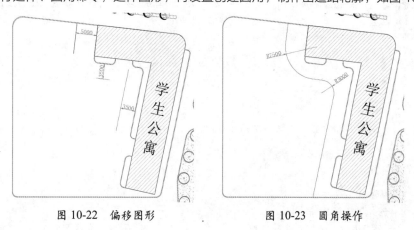

图 10-22　偏移图形　　　　　　图 10-23　圆角操作

Step 07 接下来要绘制园路造型，执行圆命令，绘制如图 10-24 所示位置的两个圆。

Step 08 执行修剪命令，修剪图形，如图 10-25 所示。

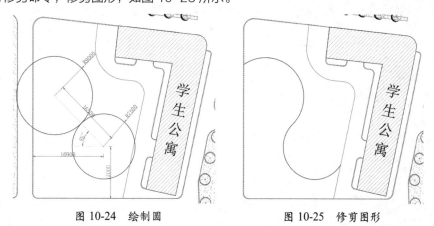

图 10-24　绘制圆　　　　　　图 10-25　修剪图形

Step 09 再次执行圆命令，绘制如图 10-26 所示位置的三个圆。

Step 10 执行修剪命令，修剪图形，如图 10-27 所示。

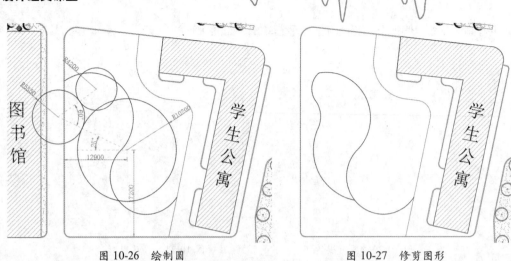

图 10-26　绘制圆　　　　　　　　　　　图 10-27　修剪图形

Step 11 依次执行直线、旋转命令，绘制直线再旋转如图 10-28 所示的角度。

Step 12 执行偏移命令，偏移出 1000mm 的道路及 120mm 的路牙石宽度，如图 10-29 所示。

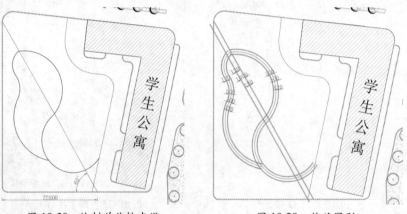

图 10-28　绘制并旋转直线　　　　　　　图 10-29　偏移图形

Step 13 执行"修剪"命令，修剪出园路图形，如图 10-30 所示。

Step 14 依次执行直线、旋转、偏移命令，绘制直线并偏移，如图 10-31 所示。

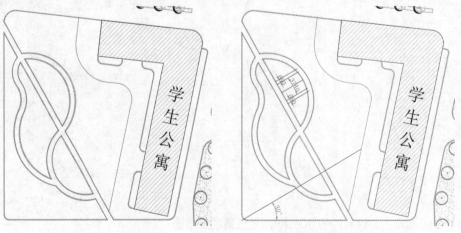

图 10-30　修剪图形　　　　　　　　　　图 10-31　绘制直线并偏移

Step 15〉执行偏移命令，偏移园路及路牙石图形，再删除多余图形，如图 10-32 所示。

Step 16〉执行修剪命令，修剪园路图形，如图 10-33 所示。

Step 17〉执行圆角命令，设置圆角尺寸并对园路边角进行圆角操作，如图 10-34 所示。

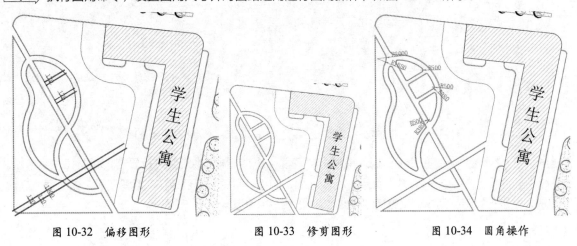

图 10-32　偏移图形　　　　　图 10-33　修剪图形　　　　　图 10-34　圆角操作

10.2.2　植物配置

公寓广场面积较大，需要配置的植物种类也比较多，在保持统一性和连续性的同时，显露出丰富性和个性化。下面将介绍具体的绘制步骤。

Step 01〉依次执行矩形、偏移、复制、旋转命令，绘制尺寸为 500mm×500mm 的矩形，将其向内偏移 100，再进行复制旋转操作，如图 10-35 所示。

Step 02〉执行圆弧命令，绘制植被造型，如图 10-36 所示。

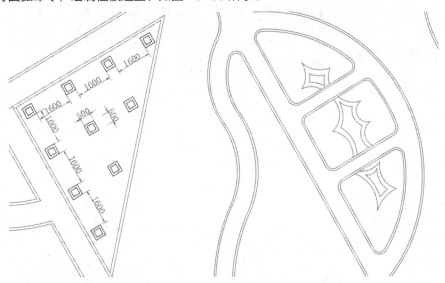

图 10-35　绘制图形并复制、旋转　　　　　图 10-36　绘制造型

Step 03〉执行图案填充命令，选择图案 AR-CONC，填充造型，作为宿根花卉区域，如图 10-37 所示。

Step 04〉执行图案填充命令，选择图案 AR-SAND，填充植被区域，如图 10-38 所示。

图 10-37　填充宿根花卉区域

图 10-38　填充植被区域

Step 05 执行"插入"→"块"命令，插入旱柳、紫丁香、白桦、雪松图块，并进行复制，如图 10-39 所示。

Step 06 继续执行"插入"→"块"命令，插入杜松、圆榆、梨树、天目琼花、暴马丁香、紫丁香、连翘等图块，并进行复制，完成草皮植被的布置，如图 10-40 所示。

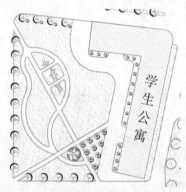

图 10-39　插入图块并复制

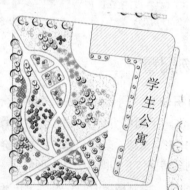

图 10-40　完成设置

10.2.3　创建苗木表

苗木表的制作是一个绿化配置平面图中必须要配备的，便于他人快速识别植物种类。下面介绍绘制步骤。

Step 01 依次执行直线、偏移命令，绘制尺寸为 20800mm×19900mm 的长方形，并进行偏移操作，偏移尺寸如图 10-41 所示。

Step 02 执行多行文字命令，创建文字并进行复制，修改文字内容，如图 10-42 所示。

图 10-41　绘制表格

序号	图例	树种	数量	规格
1		雪松	3	H8.5m以上
2		云杉	42	D=6-8cm
3		杜松	28	H4.5m以上
4		圆榆	19	D=5-8cm
5		铺地柏	3	枝长0.6-1.0m
6		白桦	37	D=5-8cm
7		旱樗	10	D=8-11cm
8		梨树	10	D=3-5cm
9		色木	12	D=3-5cm
10		天目琼花	13	冠幅1.5m以上
11		偃伏莱木球	8	球径0.8-1.0m
12		梓树	10	D=5-8cm
13		暴马丁香	15	H2.8m以上
14		紫丁香	46	冠幅1.5m以上
15		连翘	14	冠幅1.5m以上
16		榆叶梅	19	冠幅1.5m以上
17		水蜡球	24	冠幅0.8-1.0m
18		宿根花卉		25株/m2
19		云杉篱		H:0.5m
20		草坪碱茅		

图 10-42　创建文字

Step 03 从平面图中复制所有的植物图块，缩放到合适的比例，移动到表格中对应的位置，如图 10-43 所示。

Step 04 依次执行矩形、直线、图案填充命令，绘制尺寸为 1800mm×800mm 的矩形，再选择图案 AR-CONC 进行填充，作为宿根花卉的图例，如图 10-44 所示。

Step 05 再创建云杉篱和草坪碱茅的图例，放置到表格的合适位置，完成苗木表的制作，如图 10-45 所示。

序号	图例	树种	数量	规格
1		雪 松	3	H8.5m以上
2		云 杉	42	D=6-8cm
3		杜 松	28	H4.5m以上
4		圆 榆	19	D=5-8cm
5		铺地柏	3	枝长0.6-1.0m
6		白 桦	37	D=5-8cm
7		旱 柳	10	D=8-11cm
8		梨 树	10	D=3-5cm
9		色 木	12	D=3-5cm
10		天目琼花	13	冠幅1.5m以上
11		偬伏莱木球	8	球径0.8-1.0m
12		梓 树	10	D=5-8cm
13		暴马丁香	15	H2.8m以上
14		紫丁香	46	冠幅1.5m以上
15		连 翘	14	冠幅1.5m以上
16		榆叶梅	19	冠幅1.5m以上
17		水蜡球	24	冠幅0.8-1.0m
18		宿根花卉		25株/m2
19		云杉篱		H:0.5m
20		草坪碱茅		

图 10-43 复制植物图块   图 10-44 绘制宿根花卉图例   图 10-45 完成表格绘制

Step 06 调整苗木表位置，最终效果如图 10-46 所示。

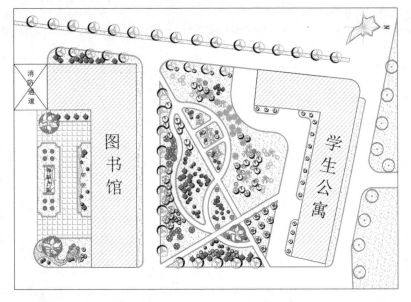

图 10-46 最终效果

第11章

绘制小游园规划设计平面图

小游园是供城市行人作短暂游憩的场地，是城市公共绿地的一种形式，又称小绿地、小广场、小花园。我国的小游园面积小，分布广，方便人们游玩。园内以花草树木绿化为主，合理地布置游步道和休息座椅，一般也会布置少量的儿童游玩设施、小水池、花坛、雕塑，以及花架、宣传廊等园林建筑小品作为点缀。本章中将介绍一个小游园规划设计平面图的绘制步骤及设计方法。

知识要点

▲ 整体布局调整　　　　　　▲ 绘制广场入口
▲ 水体轮廓改造　　　　　　▲ 水体填充与地面铺设
▲ 绘制园路及广场　　　　　▲ 植被配置

11.1　整体布局调整

在设计的最初，应当根据小游园现状进行规划调整，以便于后续的设计。下面介绍绘制过程。

Step 01 打开小游园现状图形，如图 11-1 所示。

Step 02 执行直线命令，绘制交叉垂直的两条直线作为施工坐标，如图 11-2 所示。

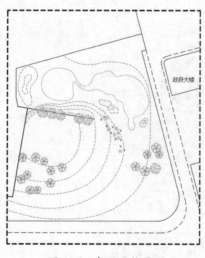

图 11-1　打开现状图形

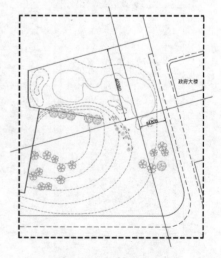

图 11-2　绘制施工坐标

Step 03 执行矩形命令，绘制尺寸为 40000mm×16000mm 的矩形，如图 11-3 所示。

Step 04 执行旋转命令，以矩形右下角点为旋转基点进行旋转，如图 11-4 所示。

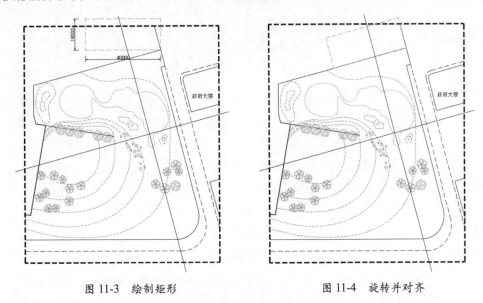

图 11-3 绘制矩形   图 11-4 旋转并对齐

Step 05 依次执行偏移、圆命令，偏移辅助线并捕捉交点绘制半径为 10000mm 的圆，如图 11-5 所示。

Step 06 删除辅助线，执行偏移、偏移命令，偏移辅助线并捕捉绘制半径分别为 7000mm、16150mm、14560mm 的圆形，如图 11-6 所示。

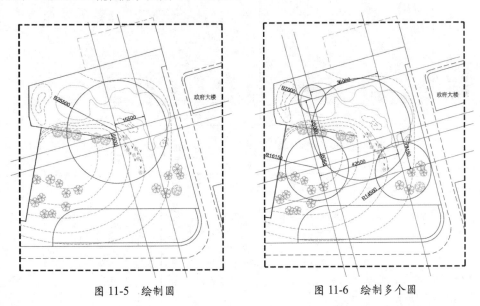

图 11-5 绘制圆   图 11-6 绘制多个圆

Step 07 删除辅助线，继续执行偏移、圆命令，偏移辅助线并捕捉绘制半径分别为 10000mm、7280mm 的圆形，如图 11-7 所示。

Step 08 删除辅助线，继续执行偏移、圆命令，偏移辅助线并捕捉绘制半径为 3920mm 的圆形，如图 11-8 所示。

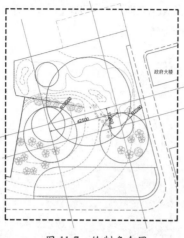

图 11-7　绘制多个圆

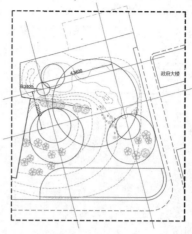

图 11-8　绘制圆

Step 09 执行偏移命令，偏移各个圆，如图 11-9 所示。

Step 10 执行修剪命令，修剪图形，如图 11-10 所示。

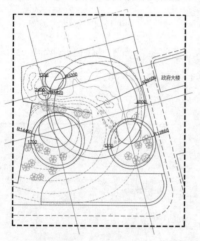

图 11-9　偏移图形

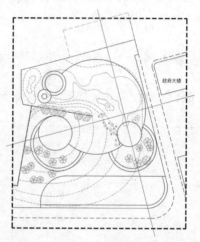

图 11-10　修剪图形

Step 11 依次执行圆弧、偏移、直线、镜像命令，绘制圆弧并进行偏移，再绘制相切直线并进行镜像复制，如图 11-11 所示。

Step 12 执行修剪命令，修剪图形，如图 11-12 所示。

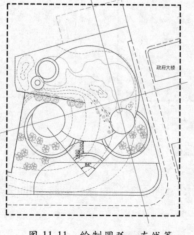

图 11-11　绘制圆弧、直线等

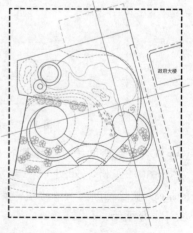

图 11-12　修剪图形

11.2 水体轮廓改造

原有的水体轮廓形状蜿蜒，利用这个特点绘制出多个转折的驳岸、曲桥造型等，具体绘制过程介绍如下。

Step 01 执行多段线命令，沿着水体绘制一条多段线，尺寸如图 11-13 所示。

Step 02 继续执行多段线命令，沿着水体绘制一条多段线，尺寸如图 11-14 所示。

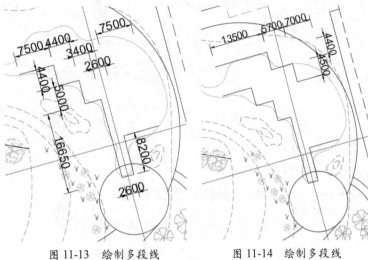

图 11-13 绘制多段线   图 11-14 绘制多段线

Step 03 执行圆和偏移命令，确定圆心绘制三个半径分别为 5200mm、5800mm、6400mm、的同心圆，如图 11-15 所示。

Step 04 执行修剪命令，修剪图形，如图 11-16 所示。

Step 05 执行偏移命令，设置偏移尺寸为 200mm，将水体边线进行偏移，如图 11-17 所示。

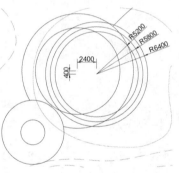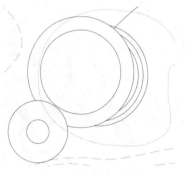

图 11-15 绘制并偏移圆形   图 11-16 修剪图形

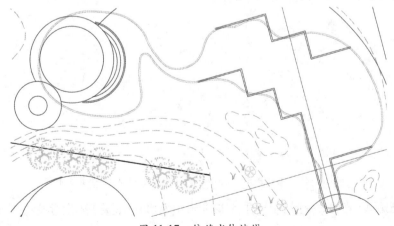

图 11-17 偏移水体边线

Step 06 修剪并调整水体轮廓，如图 11-18 所示。

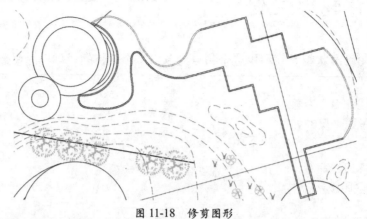

图 11-18 修剪图形

Step 07 依次执行矩形、偏移命令，绘制尺寸为 2000mm×2000mm 的矩形并向内偏移 300mm，再复制图形，如图 11-19 所示。

Step 08 执行修剪命令，修剪图形，如图 11-20 所示。

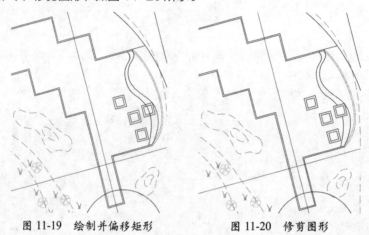

图 11-19 绘制并偏移矩形　　　　图 11-20 修剪图形

Step 09 执行偏移命令，将边线向外依次偏移 220mm、1050mm、220mm，如图 11-21 所示。

Step 10 修剪并调整水体轮廓，如图 11-22 所示。

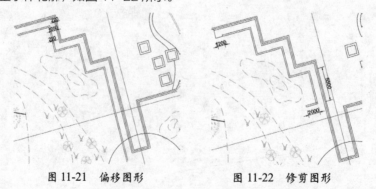

图 11-21 偏移图形　　　　图 11-22 修剪图形

Step 11 依次执行矩形、直线命令，绘制尺寸为 220mm×300mm 的图形作为桥墩并进行旋转复制操作，如图 11-23 所示。

Step 12 执行矩形命令，绘制尺寸为 1200mm×450mm 的矩形并进行复制，如图 11-24 所示。

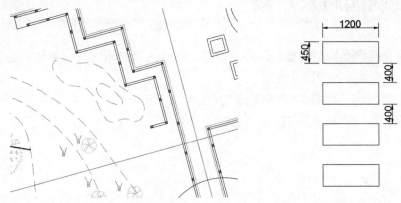

图 11-23 绘制桥墩   图 11-24 绘制并复制矩形

Step 13 执行旋转命令，将绘制的矩形进行旋转操作，移动到合适的位置，如图 11-25 所示。

Step 14 执行矩形命令，绘制尺寸为 1200mm×450mm 的矩形并进行复制，间隔设置为 400mm，如图 11-26 所示。

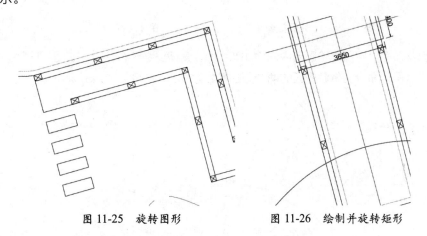

图 11-25 旋转图形   图 11-26 绘制并旋转矩形

Step 15 执行修剪命令，修剪被覆盖的图形，绘制出玻璃桥轮廓，如图 11-27 所示。

Step 16 执行直线命令，绘制装饰线，如图 11-28 所示。

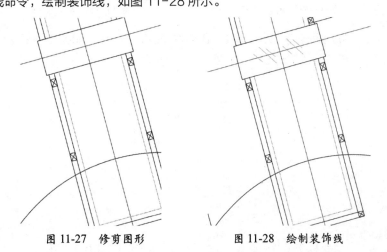

图 11-27 修剪图形   图 11-28 绘制装饰线

11.3 绘制园路及广场

本小节中将根据地形绘制步道、汀步、阶梯，另有儿童娱乐区域、集体活动区域、广场、亭台等功能空间，具体绘制步骤介绍如下。

Step 01 执行样条曲线命令，绘制曲线园路轮廓，如图 11-29 所示。

Step 02 执行修剪命令，修剪被覆盖的图形，如图 11-30 所示。

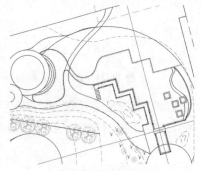 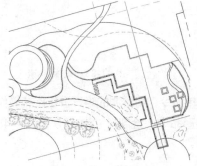

图 11-29 绘制园路轮廓 　　　　　　图 11-30 修剪图形

Step 03 执行偏移命令，将园路轮廓向内偏移 100mm，偏移出路牙石轮廓，如图 11-31 所示。

Step 04 执行定数等分命令，将游乐区的两个圆都等分为 12 份，如图 11-32 所示。

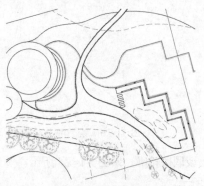 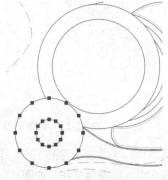

图 11-31 偏移园路 　　　　　　　图 11-32 等分圆形

Step 05 执行直线命令，捕捉等分点，绘制直线，再删除多余的等分点，如图 11-33 所示。

Step 06 执行旋转命令，将等分线旋转 5°，如图 11-34 所示。

图 11-33 绘制直线 　　　　　　　图 11-34 旋转等分线

Step 07 执行直线命令，绘制宽度为 2000mm 的园路造型，如图 11-35 所示。

Step 08 删除多余图形，再执行偏移命令，偏移 300mm 宽的阶梯图形，如图 11-36 所示。

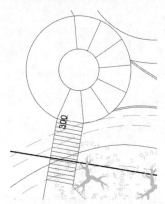

图 11-35 绘制园路　　　　　　　　图 11-36 偏移阶梯图形

Step 09 执行偏移命令，设置偏移尺寸为 100mm，偏移园路及圆形平台，如图 11-37 所示。

Step 10 执行修剪命令，修剪路牙石及墙体轮廓线，如图 11-38 所示。

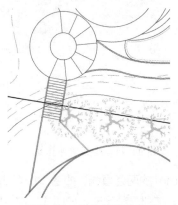
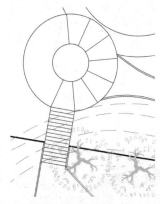

图 11-37 偏移园路及平台　　　　　　图 11-38 修剪图形

Step 11 执行偏移命令，将圆向内偏移 300mm，如图 11-39 所示。

Step 12 依次执行直线、偏移命令，绘制直线并偏移出 300mm、3000mm，如图 11-40 所示。

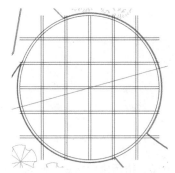

图 11-39 偏移图形　　　　　　　　图 11-40 绘制并偏移直线

Step 13 依次执行矩形、偏移命令，绘制尺寸为 12000mm×8000mm 的矩形并向内偏移 1000mm，如图 11-41 所示。

Step 14 执行修剪命令，修剪被覆盖的图形，如图 11-42 所示。

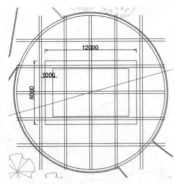

图 11-41 绘制并偏移矩形

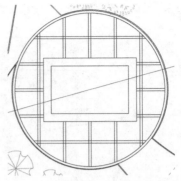

图 11-42 修剪图形

Step 15 在特性面板中设置矩形的全局宽度为 150mm，再旋转图形，如图 11-43 所示。

Step 16 执行偏移命令，将石景广场的圆向内依次进行偏移，如图 11-44 所示。

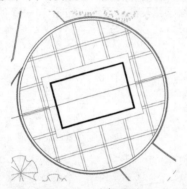

图 11-43 旋转图形

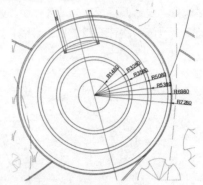

图 11-44 绘制室外标高

Step 17 依次执行直线、偏移命令，绘制间距为 300mm 的两条直线，如图 11-45 所示。

Step 18 执行环形阵列命令，设置填充角度及项目数，阵列复制图形，如图 11-46 所示。

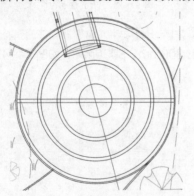

图 11-45 绘制并偏移直线

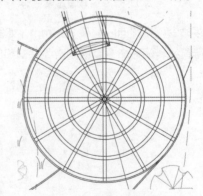

图 11-46 阵列复制图形

Step 19 将阵列图形分解，执行修剪命令，修剪图形，如图 11-47 所示。

Step 20 依次执行多段线、偏移命令，绘制多段线并偏移 300mm 的距离作为矮墙轮廓，如图 11-48 所示。

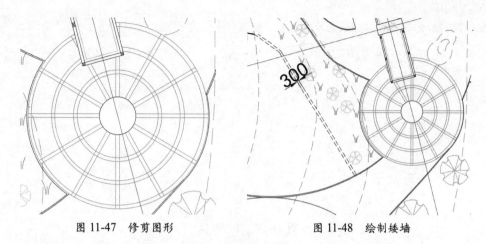

图 11-47　修剪图形　　　　　　　　　图 11-48　绘制矮墙

Step 21 执行直线命令，绘制与矮墙垂直的直线，再执行偏移命令，将直线偏移 2000mm，如图 11-49 所示。

Step 22 依次执行直线、偏移命令，绘制直线并偏移出 300mm 的距离，如图 11-50 所示。

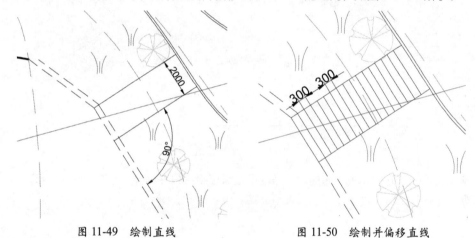

图 11-49　绘制直线　　　　　　　　　图 11-50　绘制并偏移直线

Step 23 依次执行样条曲线、矩形命令，绘制一条样条曲线再绘制一个尺寸为 1500mm×400mm 的矩形，移动到合适的位置，如图 11-51 所示。

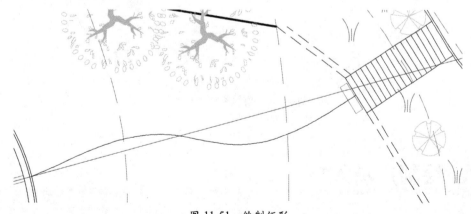

图 11-51　绘制矩形

Step 24》执行路径阵列命令，以曲线为阵列路径，设置介于值为 600，效果如图 11-52 所示。

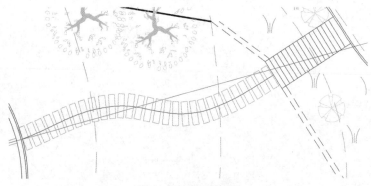

图 11-52　阵列路径

Step 25》执行定数等分命令，将广场区域的弧线等分为 9 份，如图 11-53 所示。

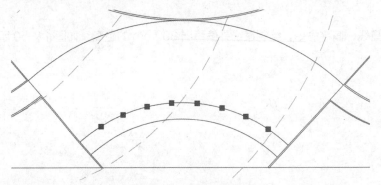

图 11-53　等分弧线

Step 26》依次执行直线、延伸命令，捕捉等分点及垂足点绘制直线并延伸，如图 11-54 所示。

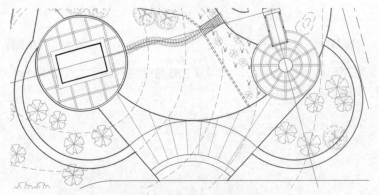

图 11-54　绘制并延伸直线

11.4　绘制广场入口

　　小游园的入口在整个景观设计中举足轻重，应当突出其位置。本案例中利用浮雕阶梯、华表、以及山石造型来塑造入口的雄伟效果。具体的绘制步骤介绍如下。

Step 01〉依次执行直线、偏移命令，绘制直线并偏移 6000mm 的距离，如图 11-55 所示。

Step 02〉执行矩形命令，绘制尺寸为 5600mm×3000mm 的矩形，如图 11-56 所示。

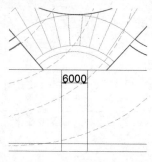

图 11-55　绘制并偏移直线　　　图 11-56　绘制矩形

Step 03〉执行偏移命令，将矩形向内依次偏移 120mm、500mm，如图 11-57 所示。

Step 04〉执行圆命令，捕捉矩形角点绘制半径为 350mm 的圆，如图 11-58 所示。

Step 05〉执行修剪命令，修剪图形，如图 11-59 所示。

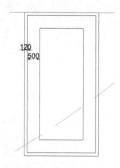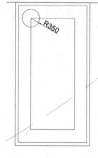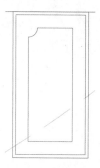

图 11-57　偏移矩形　　　图 11-58　绘制圆　　　图 11-59　修剪图形

Step 06〉依次执行镜像、修剪命令，镜像复制圆弧，再修剪图形，如图 11-60 所示。

Step 07〉将图形向下复制，其间隔为 2800mm，如图 11-61 所示。

Step 08〉依次执行直线、偏移命令，绘制直线并偏移 400mm 的阶梯图形，如图 11-62 所示。

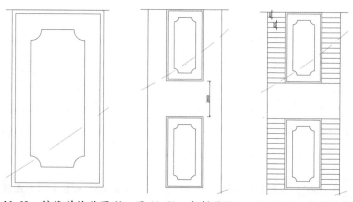

图 11-60　镜像并修剪图形　　图 11-61　复制图形　　图 11-62　绘制阶梯

Step 09〉执行圆命令，分别绘制半径为 8400mm 的两个圆和半径为 3000mm 的圆，如图 11-63 所示。

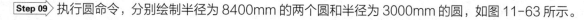

Step 10 执行修剪命令，修剪图形，如图 11-64 所示。

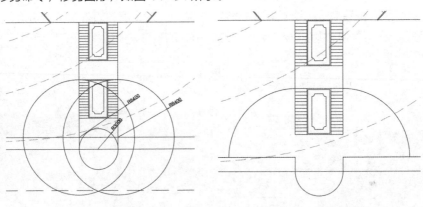

图 11-63　绘制圆　　　　　图 11-64　修剪图形

Step 11 执行直线、偏移命令，绘制直线，再设置偏移尺寸为 400mm，偏移半圆，如图 11-65 所示。

Step 12 执行圆命令，绘制半径分别为 420mm 和 600mm 的同心圆，如图 11-66 所示。

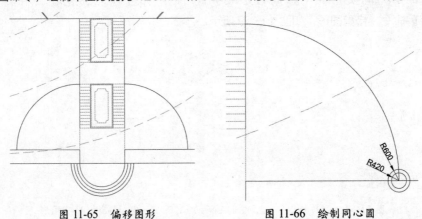

图 11-65　偏移图形　　　　　图 11-66　绘制同心圆

Step 13 执行环形阵列命令，设置填充角度为 90°，项目数为 5，阵列复制同心圆，如图 11-67 所示。

Step 14 将阵列图形分解，删除两端图形，执行修剪命令，修剪图形，如图 11-68 所示。

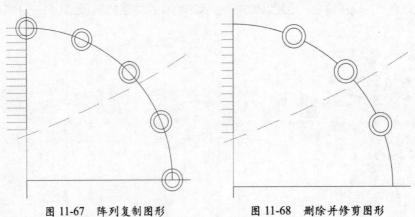

图 11-67　阵列复制图形　　　　　图 11-68　删除并修剪图形

Step 15 执行镜像命令，镜像复制图形到另一侧，再修剪图形，如图 11-69 所示。

Step 16 执行多段线命令，绘制石头图形，如图 11-70 所示。

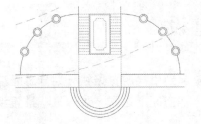 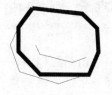

图 11-69　镜像复制图形　　　　　图 11-70　绘制石头图形

Step 17 继续在另一侧绘制石块图形，再执行圆弧命令，绘制两条弧度相反的弧线，如图 11-71 所示。

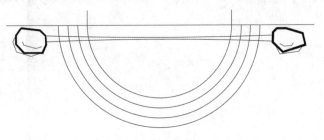

图 11-71　复制石头并绘制弧线

Step 18 执行修剪命令，修剪图形，如图 11-72 所示。

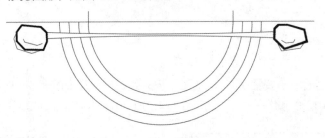

图 11-72　修剪图形

Step 19 继续执行修剪命令，修剪等高线等图形，再绘制石块图形并置于广场中心，完成整体规划布局，最后删除施工坐标，如图 11-73 所示。

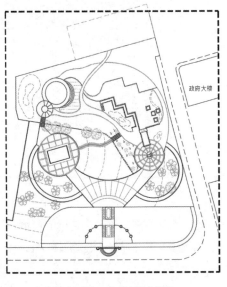

图 11-73　完整规划布局

在游园道路设计中进行路面铺装，能够起到引导游览路线、划分游园空间的作用。在这种环境下要注意游园景观与生活的紧密结合，在空间上达到一步一景、景随步移。下面介绍具体的绘制步骤。

Step 01 执行图案填充命令，选择图案 ANSI36，填充水体区域，如图 11-74 所示。

Step 02 执行图案填充命令，选择图案 AR-CONC，填充沙滩区域，再设置沙滩边缘线条的线型，如图 11-75 所示。

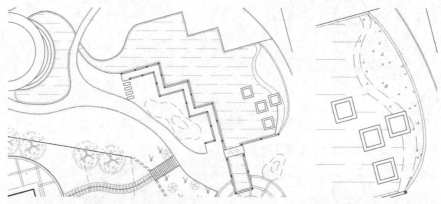

图 11-74 填充水体区域 　　　　　图 11-75 填充沙滩区域

Step 03 执行图案填充命令，选择图案 GRAVEL，填充卵石广场及步道区域，如图 11-76 所示。

Step 04 依次执行矩形、偏移、直线命令，绘制尺寸为4000mm×4000mm的亭子图形，如图 11-77 所示。

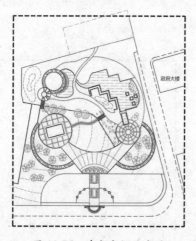
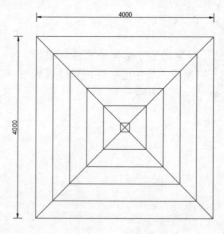

图 11-76 填充广场及步道 　　　　　图 11-77 绘制亭子

Step 05 旋转亭子图形并移动到合适的位置，如图 11-78 所示。

Step 06 执行图案填充命令，选择图案 AR-HBONE 以及图案 NET，填充人字砖地面及花岗岩石材地面，如图 11-79 所示。

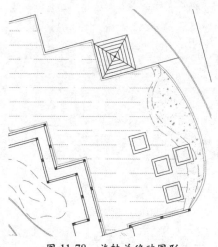

图 11-78　旋转并移动图形

图 11-79　填充地面区域

Step 07 执行直线命令，绘制园路拼贴轮廓，如图 11-80 所示。

Step 08 执行修剪命令，修剪图形，如图 11-81 所示。

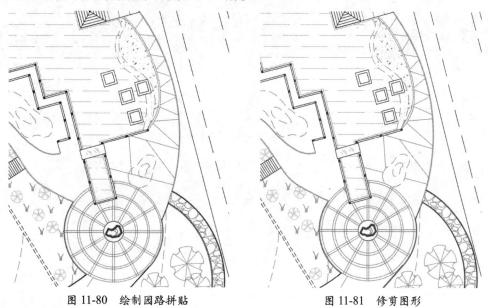

图 11-80　绘制园路拼贴　　　　　　　　　　　图 11-81　修剪图形

11.6 植被配置

　　植物在规划设计中很大程度上奠定了被规划设计场地的特色，在进行植物种植设计时要决定植物造景方式、种类选取、规格大小、位置以及与相邻环境的协调性等。

Step 01 执行样条曲线命令，在右上角处绘制一条封闭的曲线，如图 11-82 所示。

Step 02 执行图案填充命令，选择图案 ANSI31，填充曲线内部，作为石榴丛区域，如图 11-83 所示。

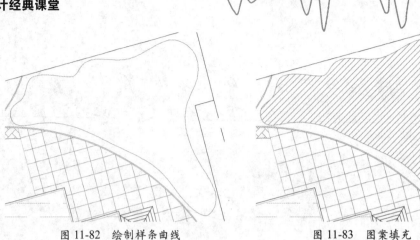

图 11-82　绘制样条曲线　　　　　　　图 11-83　图案填充

Step 03 执行样条曲线命令，在儿童娱乐区旁边绘制一条曲线，如图 11-84 所示。

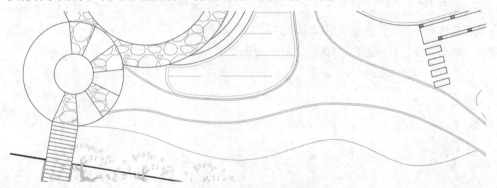

图 11-84　绘制样条曲线

Step 04 执行图案填充命令，选择图案 HOUND，填充曲线内部，作为红继木区域，如图 11-85 所示。

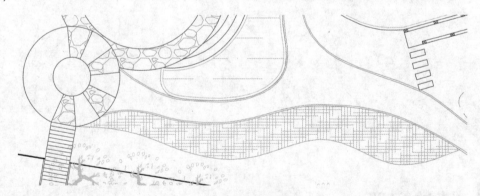

图 11-85　图案填充

Step 05 执行"插入"→"块"命令，插入"云南黄馨"植物图块并进行复制，如图 11-86 所示。

Step 06 执行"插入"→"块"命令，继续插入合欢、水杉、垂柳、雪松、从竹等大棵植物，并进行复制，如图 11-87 所示。

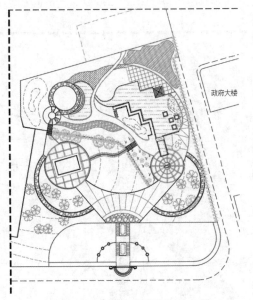

图 11-86　插入植物图块并复制

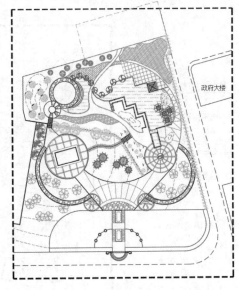

图 11-87　插入植物图块并复制

Step 07 执行"插入"→"块"命令，再插入梅花、桃花、荷花、龙爪槐等植物图块并进行复制操作，如图 11-88 所示。

Step 08 再执行"插入"→"块"命令，插入指北针图块，调整大小并放置到合适的位置，如图 11-89 所示。

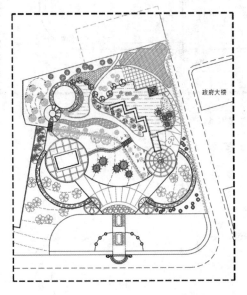

图 11-88　插入植物图块并复制

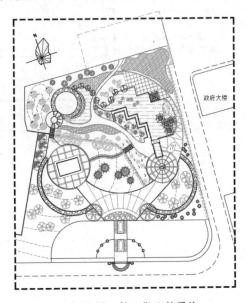

图 11-89　插入指北针图块

Step 09 利用矩形、图案填充、多行文字命令，为平面图添加说明以及植物配置表，至此完成小游园规划平面图的绘制，如图 11-90 所示。

小游园规划平面图

1：植物造景

以植物的配置形成春园、夏园、秋园和冬园，四季可赏。

2：植物配置

- 樟树（原有的）
- 杨树（原有的）
- 毛竹（原有的）
- 合欢（干径15-18cm）
- 水杉（干径12-15cm）
- 垂柳（干径10-12cm）
- 雪松（高300-350cm）
- 桂花（蓬径150-180cm）
- 海桐（蓬径80-100cm）
- 红继木球（蓬径90-110cm）
- 樱花（地径5-6cm）
- 桃花（地径5-7cm）
- 梅花（地径5-6cm）
- 龙爪槐（地径5-6cm）
- 芭蕉（生长健壮）
- 丛竹（30-35枝/丛）
- 云南黄馨（15-20枝/丛）
- 荷花
- 石榴（高150-180cm）
- 红继木（蓬径25-30cm）

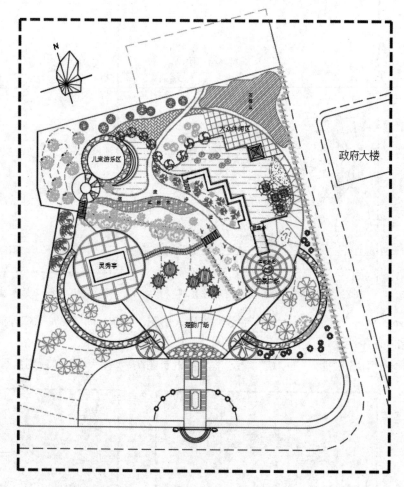

图 11-90　完成绘制

第12章

绘制庭院环境设计施工图

　　庭院是人为化了的自然空间，是建筑室内空间的延续，庭院景观则是整个庭院的灵魂所在，影响着庭院的整体格局。随着人们亲近自然的要求，其风格也越来越趋向"取之自然，运用自然"的理念。庭院设计是借助园林景观规划设计的各种手法，使得庭院居住环境得到进一步的优化，满足人们的各方面需求的一种设计。本章中将以一个别墅庭院景观的设计为例，介绍庭院设计的相关知识及施工图绘图技巧。

知识要点

▲ 绘制庭院设计总平面图　　　　　　▲ 绘制庭院入口立面图

▲ 绘制庭院设计竖向平面图　　　　　▲ 绘制廊架

▲ 绘制庭院绿化配置平面图　　　　　▲ 绘制竹影镜面树池

▲ 绘制庭院铺装平面图　　　　　　　▲ 绘制溪流剖面结构图

12.1 绘制庭院设计总平面图

　　园林设计总平面图反映了组成园林各个部分之间的平面关系及长宽尺寸，也是绘制其他图纸及造园施工的依据。下面介绍庭院设计总平面图的绘制。

Step 01 打开庭院原始图形，如图 12-1 所示。

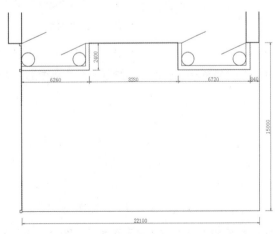

图 12-1　打开原始图形

Step 02 首先绘制地形，执行样条曲线命令，绘制庭院地形等高线，如图 12-2 所示。

Step 03 绘制园路，依次执行圆、偏移命令，绘制如图 12-3 所示的多个同心圆。

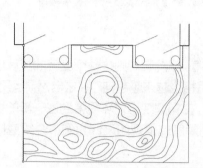

图 12-2　绘制地形等高线

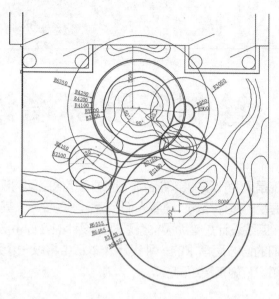

图 12-3　绘制圆

Step 04 执行修剪命令，修剪出道路等轮廓图形，如图 12-4 所示。

Step 05 继续执行修剪命令，修剪被覆盖的等高线图形，如图 12-5 所示。

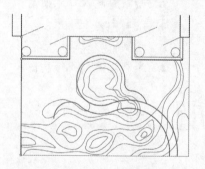

图 12-4　修剪图形

图 12-5　修剪图形

Step 06 执行多段线命令，绘制如图 12-6 所示的景石图形。

Step 07 执行样条曲线命令，绘制多个曲线图形作为大卵石图形，布局到合适的位置，如图 12-7 所示。

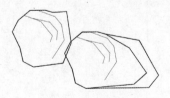

图 12-6　绘制景石

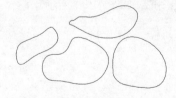

图 12-7　绘制大卵石

Step 08 继续绘制更多的景石和大卵石图形，进行复制、移动等操作，如图 12-8 所示。

Step 09 执行修剪命令，修剪等高线图形，如图 12-9 所示。

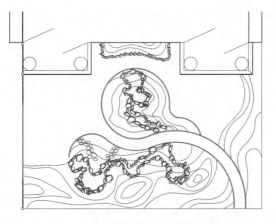

图 12-8　复制并移动图形

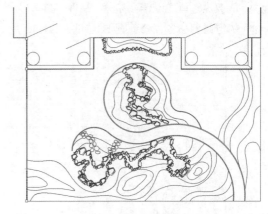

图 12-9　修剪图形

Step 10 执行"插入"→"块"命令，为庭院中插入廊架、树池、磨盘图块，放置到合适位置，如图 12-10 所示。

Step 11 执行修剪命令，修剪被覆盖的图形，如图 12-11 所示。

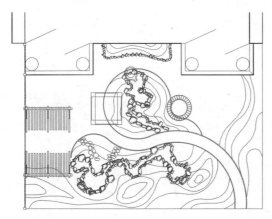

图 12-10　插入图块

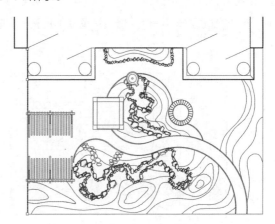

图 12-11　修剪图形

Step 12 依次执行偏移、圆角等命令，制作墙边造型，如图 12-12 所示。

Step 13 绘制地面铺设，执行多段线命令，绘制两条不规则多段线，将地面分隔开，如图 12-13 所示。

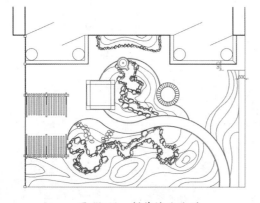

图 12-12　制作墙边造型

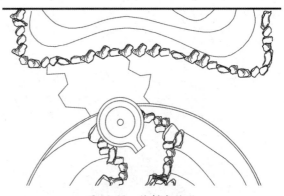

图 12-13　绘制多段线

Step 14 依次执行直线、偏移命令，绘制直线并向下依次偏移 300mm、100mm，如图 12-14 所示。

Step 15 执行修剪命令，修剪图形，如图 12-15 所示。

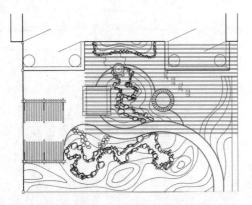

图 12-14 绘制并偏移直线   图 12-15 修剪图形

Step 16 依次执行直线、偏移命令，绘制直线并向右依次偏移 100mm，再执行矩形命令，在廊架位置绘制四个尺寸为 1800mm × 150mm 的矩形，如图 12-16 所示。

Step 17 依次执行修剪命令，修剪被覆盖的图形，如图 12-17 所示。

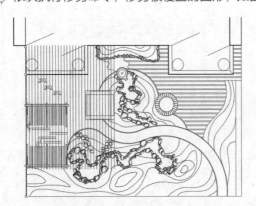
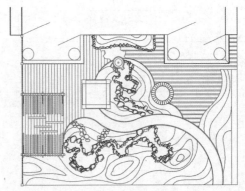

图 12-16 绘制直线与矩形   图 12-17 修剪图形

Step 18 依次执行直线、偏移命令，绘制如图 12-18 所示图形。

Step 19 执行修剪命令，修剪出木平台，如图 12-19 所示。

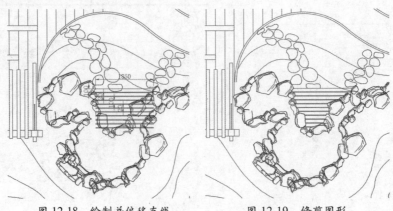

图 12-18 绘制并偏移直线   图 12-19 修剪图形

Step 20 依次执行偏移、修剪命令，将园路轮廓向内偏移 100mm，再修剪图形，如图 12-20 所示。

Step 21 执行图案填充命令，选择图案 GRAVEL，填充两侧地面相接的位置；再选择图案 AR-SAND，填充细石铺地，如图 12-21 所示。

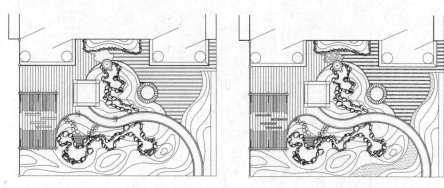

图 12-20　偏移并修剪图形　　　　图 12-21　填充地面图案

Step 22 继续执行图案填充命令，选择图案 AR-RROOF，填充水体，绘制如图 12-22 所示。

Step 23 执行修订云线命令，徒手绘制灌木轮廓，如图 12-23 所示。

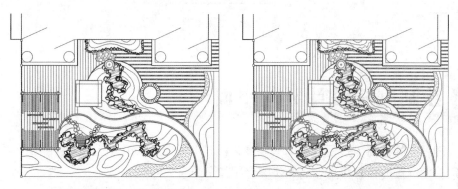

图 12-22　填充水体图案　　　　　图 12-23　绘制云线

Step 24 执行"插入"→"块"命令，插入斑竹、毛竹、睡莲植物图块，分别调整图块大小并进行复制操作，如图 12-24 所示。

Step 25 继续插入合欢、白玉兰、蜡梅、桂花、银杏、红枫等植物图块，分别调整图块大小并进行复制操作，如图 12-25 所示。

图 12-24　插入植物图块　　　　　图 12-25　插入植物图块

Step 26 添加图示及指北针，至此完成庭院设计总平面图的绘制，如图 12-26 所示。

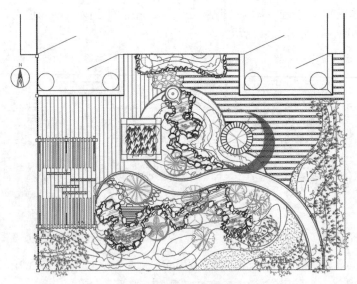

别墅庭院设计总平面图

图 12-26　完成绘制

12.2　绘制庭院设计竖向平面图

本设计图纸中的标高为别墅庭院内景观绿化标高，假定 0.000 为已做好的台阶上平面，以此为标准确定其他位置的相对标高。操作步骤介绍如下。

Step 01 复制总平面图，删除植物图形以及地面铺设图形，如图 12-27 所示。

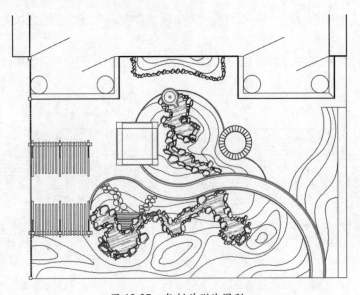

图 12-27　复制并删除图形

Step 02 执行多段线、单行文字命令,创建建筑标高和标注台阶平面,如图 12-28 所示。

Step 03 依次执行多段线、图案填充、单行文字命令,创建室外标高以及标注池底高度,如图 12-29 所示。

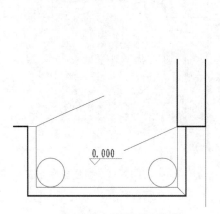

图 12-28 绘制建筑标高

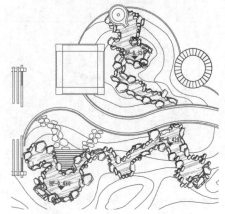

图 12-29 绘制室外标高

Step 04 复制标高到其他位置,修改标高内容,标注地面、建筑小品等位置的高度,如图 12-30 所示。

Step 05 添加图示,至此完成庭院设计竖向设计平面图的制作,如图 12-31 所示。

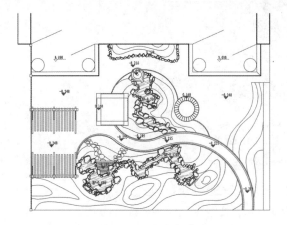

图 12-30 复制标高

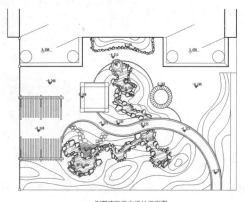

图 12-31 完成绘制

12.3 绘制庭院绿化配置平面图

在总平面图中树木植被都已设置好,本小节中需要为植被区域分门别类,并且创建苗木表。操作步骤介绍如下。

Step 01 复制总平面图,删除地面铺设及填充图形,如图 12-32 所示。

Step 02 执行多行文字命令,创建 1~6 的数字区分灌木丛,如图 12-33 所示。

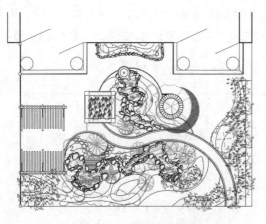

图 12-32　复制并删除图形

图 12-33　创建数字分区

Step 03 为平面图添加图示，如图 12-34 所示。

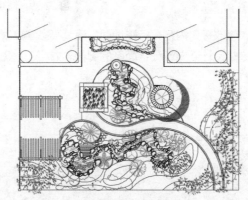

别墅庭院绿化配置平面图

图 12-34　添加图示

Step 04 依次执行直线、偏移命令，绘制表格，尺寸如图 12-35 所示。

Step 05 执行单行文字命令，创建高度为 320 的表头文字，如图 12-36 所示。

Step 06 执行"插入"→"块"命令，插入各类植物图块，缩放图块到合适的大小，如图 12-37 所示。

图 12-35　绘制表格　　　　图 12-36　创建表头文字　　　　图 12-37　插入图块

Step 07 复制文字并修改文字内容，完成苗木表的绘制，最后将表格移动到合适的位置，至此完成庭院绿化配置平面图的操作，如图 12-38 所示。

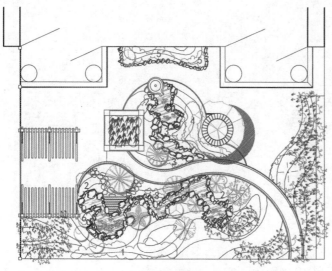

别墅庭院绿化配置平面图

图 例	名 称	规 格	单 位	数 量
	合 欢	∅15-17cm	株	1
	大叶黄杨球	D120cm	株	2
	垂枝碧桃	∅5-7cm	株	4
	白玉兰	∅8-10cm	株	1
	红 枫	∅4-6cm	株	1
	腊 梅	D150cm, H120CM	株	3
	桂 花	D120cm, H160CM	株	3
	斑 竹	H250CM以上	丛	220
	银 杏	∅6-8cm	株	1
	珍珠梅	D40cm, H60CM	株	12
	南天竹	D30cm, H40CM	株	35
	鸢 尾	三年生	株	120
	迎 春	三年生	株	45
	金银花	D40cm, H60CM	株	7
	石 楠	D40cm, H60CM	株	5
	睡 莲	三年生	缸	3
	毛 竹	H400CM以上, ∅8cm	株	18

图 12-38 完成绘制

12.4 绘制庭院铺装平面图

园林铺装是指在园林环境中运用自然或人工的铺地材料，按照一定的方式铺设于地面形成的地表形式。根据环境的不同，对园路、空地、广场等进行不同形式的印象组合，造就了风格迥异、变化丰富、形式多样的铺装。本小节中介绍的就是庭院铺装平面图的绘制，在总平面图的基础上进行加工，具体绘制步骤介绍如下。

Step 01 复制总平面图，删除植物图形，如图 12-39 所示。

Step 02 执行偏移命令，将园路边线向内偏移 400mm，如图 12-40 所示。

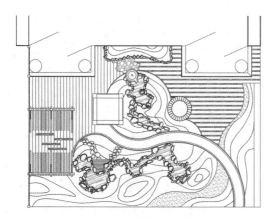

图 12-39 复制并删除图形

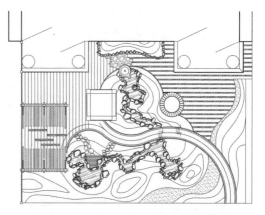

图 12-40 偏移图形

Step 03 执行修剪命令，修剪图形，使三个圆弧完美连接，如图 12-41 所示。

Step 04 执行矩形命令，绘制一个长为 600mm、宽为 200mm 的矩形，居中对齐到圆弧的象限点，如图 12-42 所示。

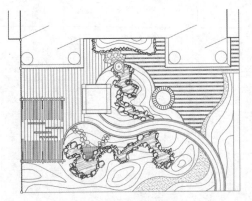

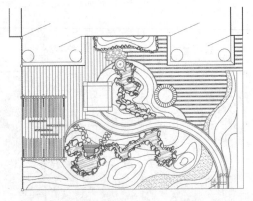

图 12-41　修剪图形　　　　　　　　　　　图 12-42　绘制矩形

Step 05 执行环形阵列命令，捕捉圆弧圆心为阵列中心，设置填充角度为 120°，项目数为 36，操作完毕后再对图形进行旋转，调整图形，如图 12-43 所示。

Step 06 将阵列图形分解，再利用尾部的矩形继续执行环形阵列命令，分解图形后删除多余的矩形，效果如图 12-44 所示。

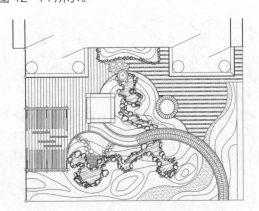
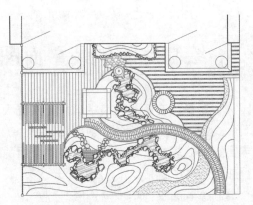

图 12-43　环形阵列　　　　　　　　　　　图 12-44　阵列并分解

Step 07 删除园路中线，再执行直线命令，捕捉圆心及中点绘制三条直线，如图 12-45 所示。

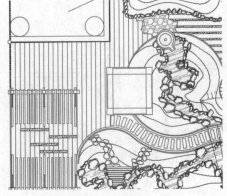

图 12-45　绘制直线

Step 08 执行修剪命令，修剪并
删除多余的图形，如图 12-46
所示。

Step 09 依次执行直线、偏移、
修剪命令，绘制出平板桥图形，
如图 12-47 所示。

图 12-46　修剪图形　　　　　图 12-47　修剪并偏移图形

Step 10 执行图案填充命令，选
择图案 AR-SAND，填充园路，
如图 12-48 所示。

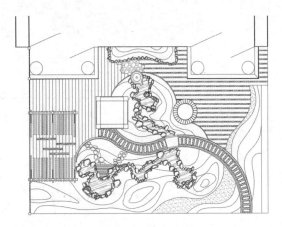

图 12-48　填充图案

Step 11 执行快速引线命令，为铺装平面图添加引线标注，如图 12-49 所示。

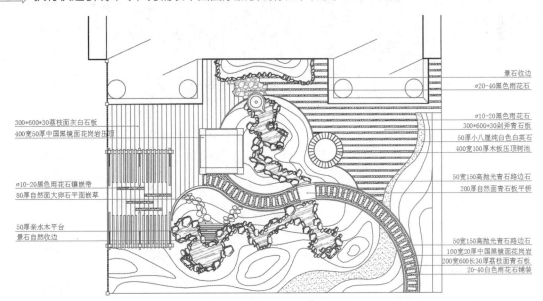

图 12-49　快速引线标注

Step 12 添加图示，至此完成庭院铺装平面图的绘制，如图 12-50 所示。

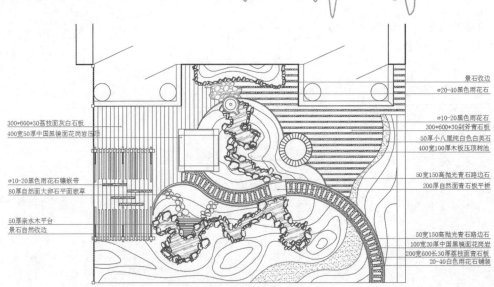

景石收边
ø20-40黑色雨花石

ø10-20黑色雨花石
300*600*30剁斧青石板
50厚小八厘纯白色白英石
400宽100厚木板压顶树池

50宽150高抛光青石路边石
200厚自然面青石板平桥

50宽150高抛光青石路边石
100宽20厚中国黑镜面花岗岩
200宽600长30厚荔枝面青石板
20-40白色雨花石铺装

300*600*30荔枝面灰白石板
400宽50厚中国黑镜面花岗岩压顶

ø10-20黑色雨花石镶嵌带
80厚自然面大卵石平面嵌草

50厚亲水木平台
景石自然收边

别墅庭院设计铺装平面图

图 12-50　完成绘制

12.5 绘制庭院入口立面图

下面利用直线、偏移、圆角、镜像等命令绘制庭院入口处的立面图，绘制步骤如下。

Step 01 复制绿化配置平面图，执行直线命令，捕捉绘制阳台、廊架、输出等图形的辅助线，如图 12-51 所示。

图 12-51　绘制并偏移直线

Step 02 执行旋转命令，将图形按逆时针旋转 90°，再执行修剪命令，修剪图形，如图 12-52 所示。

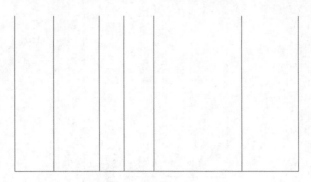

图 12-52　修剪并旋转图形

Step 03 绘制柱子及台阶图形，执行偏移命令，偏移图形，尺寸如图 12-53 所示。

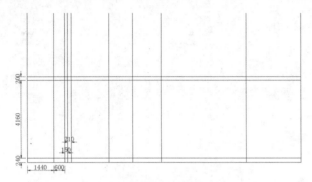

图 12-53　偏移图形

Step 04 执行修剪命令，修剪出阳台柱子、台阶图形，如图 12-54 所示。

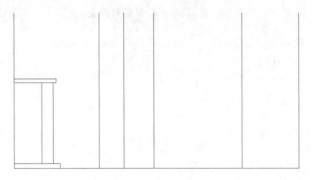

图 12-54　修剪图形

Step 05 依次执行矩形、复制命令，绘制宽为 100mm、高为 3800mm 的矩形并进行复制，设置间距为 80mm，如图 12-55 所示。

Step 06 执行圆角命令，设置圆角半径为 50mm，对矩形进行圆角操作，如图 12-56 所示。

Step 07 绘制廊架图形，执行矩形命令，绘制两个垂直相交的矩形，如图 12-57 所示。

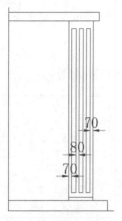

图 12-55　绘制并复制矩形

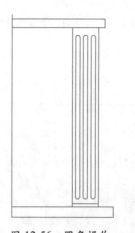

图 12-56　圆角操作

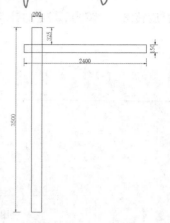

图 12-57　绘制矩形

Step 08 执行矩形、直线命令，绘制尺寸为 200mm×200mm 的矩形和一条斜线，如图 12-58 所示。

Step 09 执行修剪、图案填充命令，修剪图形并进行实体填充，绘制出廊架立面图，如图 12-59 所示。

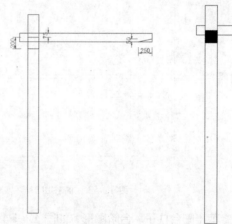

图 12-58　绘制矩形和直线

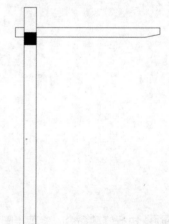

图 12-59　修剪并填充

Step 10 将图形创建成块，并移动到合适的位置，再执行镜像命令，对图形进行镜像复制，删除廊架图形的辅助线，如图 12-60 所示。

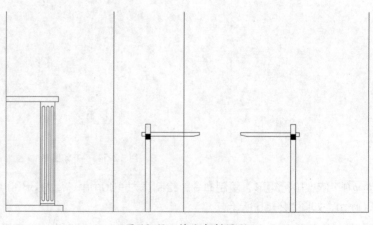

图 12-60　镜像复制图形

Step 11 执行偏移命令，偏移图形，如图 12-61 所示。

Step 12 复制绿化配置平面图，执行直线命令，捕捉绘制图形，如图 12-62 所示。

Step 13 执行圆角命令，设置圆角半径为 25mm，对树池两端进行圆角操作，如图 12-63 所示。

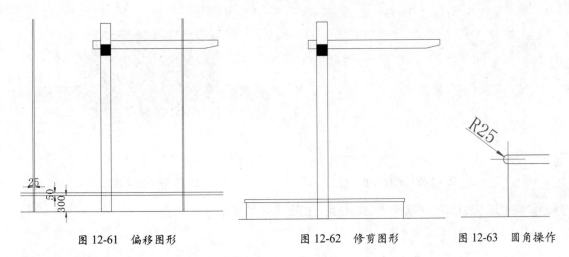

图 12-61　偏移图形　　　　　　图 12-62　修剪图形　　　　　　图 12-63　圆角操作

Step 14 绘制石磨图形，依次执行直线、偏移命令，绘制如图 12-64 所示的图形。

Step 15 执行修剪命令，修剪图形，如图 12-65 所示。

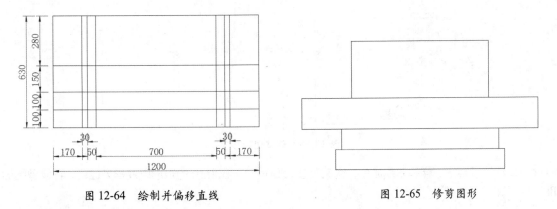

图 12-64　绘制并偏移直线　　　　　　　　　　图 12-65　修剪图形

Step 16 依次执行定数等分、直线命令，将图形划分，如图 12-66 所示。

Step 17 执行多段线命令，绘制不规则的多段线，如图 12-67 所示。

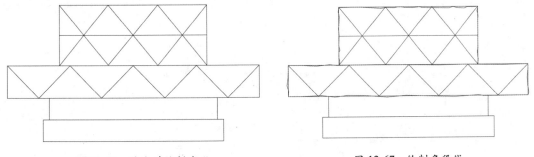

图 12-66　等分并绘制直线　　　　　　　　图 12-67　绘制多段线

Step 18 删除外框线，再调整图形，如图 12-68 所示。

Step 19 执行图案填充命令，选择图案 ANSI34，填充图形，绘制出石磨图形，如图 12-69 所示。

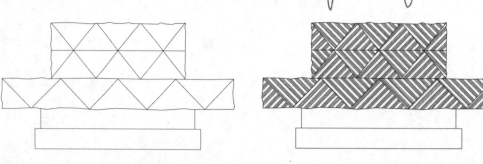

图 12-68　删除外框　　　　　　　　　图 12-69　图案填充

Step 20 将图形创建成块，移动到合适的位置，如图 12-70 所示。

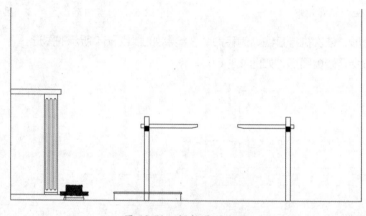

图 12-70　调整图形位置

Step 21 依次执行矩形、样条曲线命令，绘制尺寸为 50mm×50mm 的矩形以及样条曲线，再修剪图形，如图 12-71 所示。

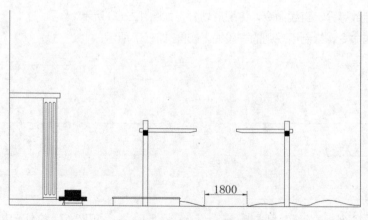

1800

图 12-71　绘制矩形及样条线

Step 22 执行"插入"→"块"命令，插入各类植物立面图块，分别调整图块大小及位置，如图 12-72 所示。

Step 23 执行多段线命令，绘制线条填充到坡地位置，再执行修剪命令，修剪被廊架覆盖的图形，如图 12-73 所示。

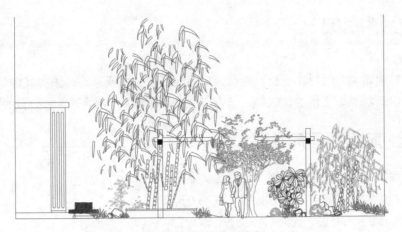

图 12-72　插入植物图块

图 12-73　修剪图形

Step 24 为立面图添加图示，至此完成庭院入口立面图形的绘制，如图 12-74 所示。

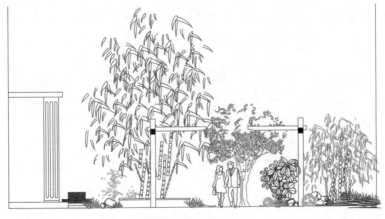

庭院入口立面图

图 12-74　完成绘制

12.6 绘制廊架

廊架常以防腐木材、竹材、石材、金属、钢筋混凝土为主要原料，添加其他材料凝合而成。专供游人休息、景观点缀之用的建筑体，与自然生态环境搭配非常和谐，深得用户喜爱。

12.6.1 绘制廊架平面尺寸图

下面绘制廊架平面尺寸图，绘制步骤介绍如下。

Step 01 从总平面图中复制廊架平面图，如图 12-75 所示。

Step 02 为平面图添加尺寸标注，如图 12-76 所示。

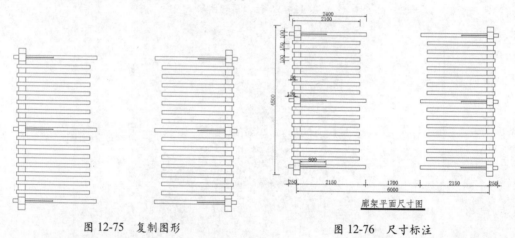

图 12-75 复制图形   图 12-76 尺寸标注

12.6.2 绘制廊架南、北立面图

下面绘制廊架南、北立面图，绘制步骤介绍如下。

Step 01 复制一侧的廊架图形，执行旋转命令，旋转图形，如图 12-77 所示。

Step 02 依次执行直线、偏移命令，捕捉绘制直线并进行偏移操作，如图 12-78 所示。

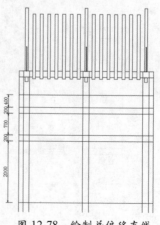

图 12-77 旋转图形   图 12-78 绘制并偏移直线

Step 03 执行修剪命令，修剪出立面图形，如图 12-79 所示。

Step 04 执行矩形命令，绘制尺寸为 100mm×100mm 的矩形并进行复制，间距为 150mm，如图 12-80 所示。

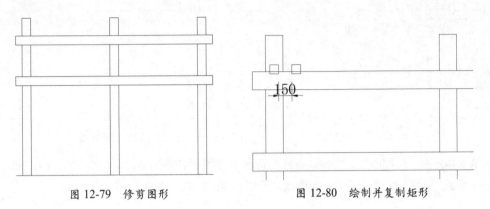

图 12-79 修剪图形　　　　　图 12-80 绘制并复制矩形

Step 05 执行拉伸命令，将右侧矩形拉伸成 150mm 高度，如图 12-81 所示。

Step 06 将矩形分解，执行偏移命令，将边线向上偏移 30mm，如图 12-82 所示。

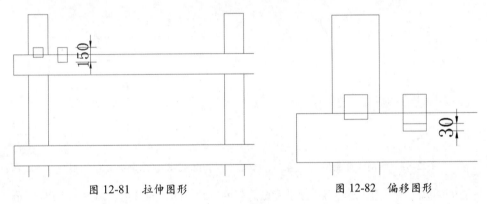

图 12-81 拉伸图形　　　　　图 12-82 偏移图形

Step 07 执行复制命令，向右侧复制图形，保持相同的间距，如图 12-83 所示。

Step 08 执行修剪命令，修剪图形，如图 12-84 所示。

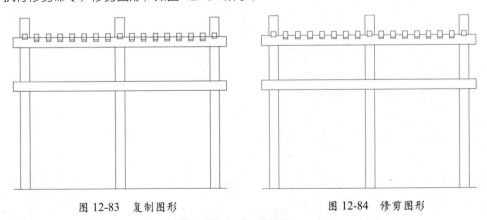

图 12-83 复制图形　　　　　图 12-84 修剪图形

Step 09 执行偏移命令，按照如图 12-85 所示的尺寸进行偏移操作。

Step 10 执行修剪命令，修剪图形，如图 12-86 所示。

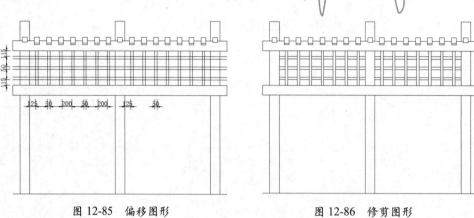

图 12-85 偏移图形　　　　　　　图 12-86 修剪图形

Step 11 依次执行圆、复制命令，绘制半径为 10mm 的圆并进行复制操作，如图 12-87 所示。

Step 12 在两圆之间绘制间隔为 3mm 的直线，再复制直线图形，如图 12-88 所示。

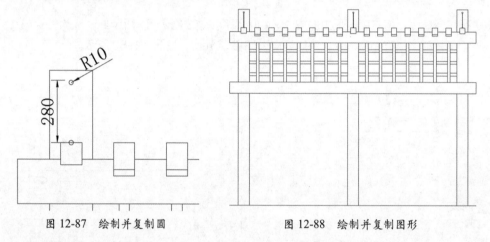

图 12-87 绘制并复制圆　　　　　　　图 12-88 绘制并复制图形

Step 13 为立面图添加尺寸标注及图示，至此完成廊架南、北立面图的绘制，如图 12-89 所示。

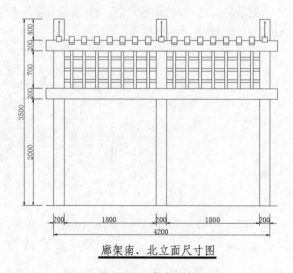

廊架南、北立面尺寸图

图 12-89 完成绘制

12.6.3　绘制廊架东、西立面图

廊架图形是对称相同的，因此东、西立面也是相同的，这里我们只需要绘制一侧的立面图形即可。下面绘制廊架东、西立面图，绘制步骤介绍如下。

Step 01 执行直线命令，从廊架南、北立面图捕捉绘制射线，再绘制并偏移直线，如图 12-90 所示。

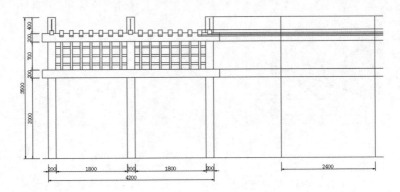

图 12-90　绘制并偏移图形

Step 02 修剪图形，如图 12-91 所示。

Step 03 执行偏移命令，偏移图形，如图 12-92 所示。

Step 04 执行修剪命令，修剪图形，如图 12-93 所示。

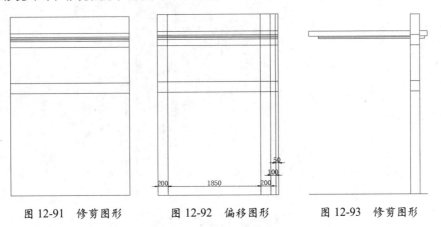

图 12-91　修剪图形　　　图 12-92　偏移图形　　　图 12-93　修剪图形

Step 05 依次执行直线、修剪命令，修剪并删除多余图形，绘制出一端的造型，如图 12-94 所示。

Step 06 执行圆命令，绘制半径为 10mm 的圆，移动并复制到合适的位置，如图 12-95 所示。

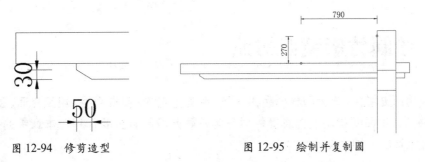

图 12-94　修剪造型　　　　　　　图 12-95　绘制并复制圆

Step 07 〉执行直线命令，绘制宽度为 3mm 的连接线，如图 12-96 所示。

Step 08 〉执行图案填充命令，填充木梁横截面纹理，如图 12-97 所示。

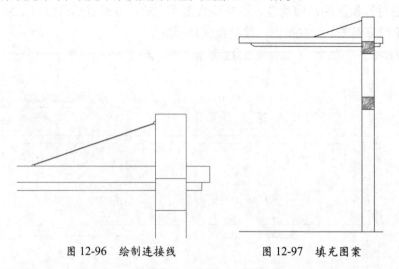

图 12-96　绘制连接线　　　　　图 12-97　填充图案

Step 09 〉为立面图添加尺寸标注和图示，完成东、西立面图的绘制，如图 12-98 所示。

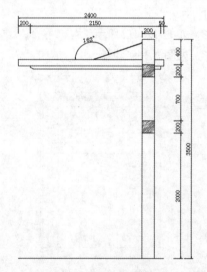

廊架东、西立面尺寸图

图 12-98　完成绘制

12.7　绘制竹影镜面树池

　　树池应用历史悠久，作为园林小品的一种，在美化观赏、引导视线、组织交通、围合分割空间、构成空间序列、发回防护功能以及提供休息场所等方面起着重要作用。本章中的树池利用镜面石材及竹林创造出一种优美的意境。

12.7.1 绘制竹影镜面树池平面图

下面绘制竹影镜面树池平面图，绘制步骤介绍如下。

Step 01 复制竖向平面图中的竹影镜面树池平面图，如图 12-99 所示。

Step 02 为平面图添加尺寸标注，如图 12-100 所示。

Step 03 执行多段线及多行文字命令，为图形添加图示，如图 12-101 所示。

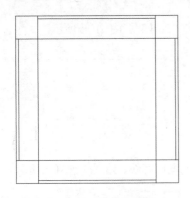

图 12-99 复制平面图

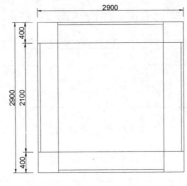

图 12-100 添加尺寸标注

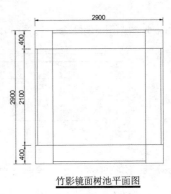

竹影镜面树池平面图

图 12-101 添加图示

12.7.2 绘制竹影镜面树池立面图

下面利用、偏移、修剪、圆角、图案填充等命令绘制竹影镜面树池立面图，绘制步骤如下。

Step 01 向下复制平面图，依次执行直线、偏移命令，捕捉绘制直线并偏移 400mm 的距离，如图 12-102 所示。

Step 02 执行修剪命令，修剪并删除多余图形，如图 12-103 所示。

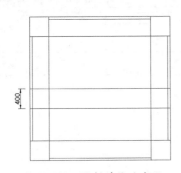

图 12-102 绘制并偏移直线

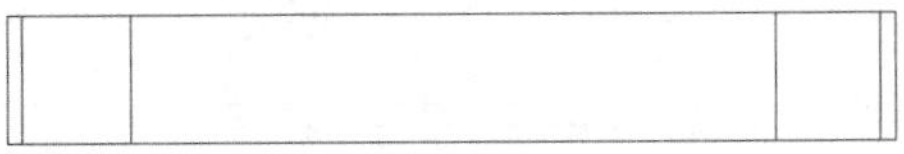

图 12-103 修剪图形

Step 03 执行偏移命令，将边线向下依次偏移 50mm、100mm，如图 12-104 所示。

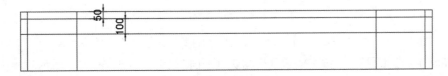

图 12-104 偏移图形

Step 04 执行修剪命令，修剪图形，如图 12-105 所示。

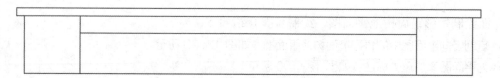

图 12-105　修剪图形

Step 05 执行圆角命令，设置圆角半径为 25mm，对图形两端进行圆角操作，如图 12-106 所示。

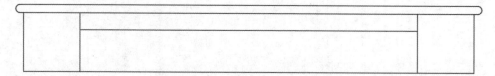

图 12-106　圆角操作

Step 06 执行矩形命令，绘制尺寸为 4200mm×200mm 的矩形，放置到图形底部，如图 12-107 所示。

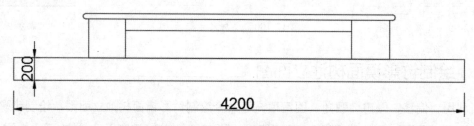

图 12-107　绘制矩形

Step 07 执行图案填充命令，选择图案 ANSI38，填充基层图形，如图 12-108 所示。

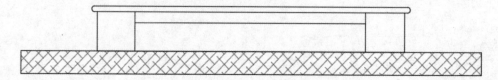

图 12-108　图案填充

Step 08 将矩形分解，并删除多余线条，如图 12-109 所示。

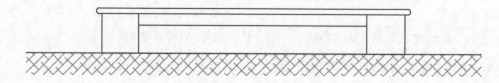

图 12-109　分解并删除图形

Step 09 执行"插入"→"块"命令，为立面图插入竹子图案，如图 12-110 所示。

Step 10 添加尺寸标注和图示，完成竹影镜面树池立面图形的绘制，如图 12-111 所示。

图 12-110　插入图块　　　　　图 12-111　完成绘制

12.7.3　绘制竹影镜面树池剖面图

下面利用偏移、修剪、圆角、图案填充等命令绘制竹影镜面树池剖面图，绘制步骤如下：

Step 01 复制竹影镜面树池立面图，进行修剪删除，如图 12-112 所示。

Step 02 依次执行偏移、延伸命令，偏移并延伸图形，如图 12-113 所示。

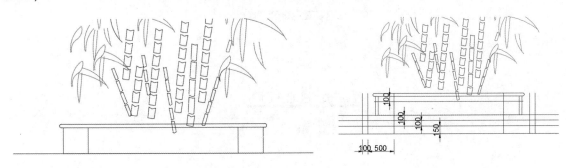

图 12-112　复制并修剪图形　　　　　　图 12-113　偏移图形

Step 03 执行修剪命令，修剪并删除多余图形，如图 12-114 所示。

Step 04 执行样条曲线命令，绘制一条曲线，如图 12-115 所示。

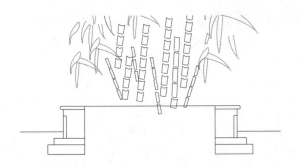
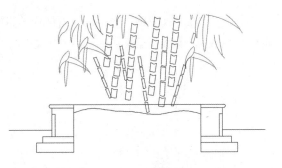

图 12-114　修剪并删除图形　　　　　　图 12-115　绘制样条曲线

Step 05 依次执行直线、图案填充命令，选择图案 ANSI38，填充基层，如图 12-116 所示。

Step 06 继续执行图案填充命令，选择图案 AR-SAND、AR-CONC、ANSI33，分别对图形进行填充操作，如图 12-117 所示。

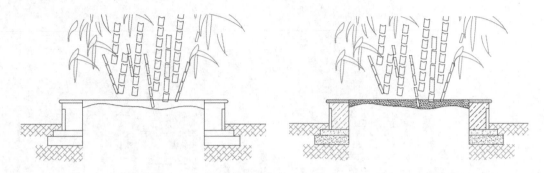

图 12-116 填充图案   图 12-117 填充图案

Step 07 为剖面图添加标注和图示，完成剖面图的绘制，如图 12-118 所示。

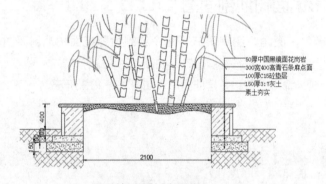

50厚中国黑镜面花岗岩
300宽400高青石条麻点面
100厚C15砼垫层
150厚3:7灰土
素土夯实

竹影镜面树池剖面图

图 12-118 完成绘制

12.8 绘制溪流剖面结构图

下面利用直线、圆弧、多段线、偏移、图案填充等命令绘制溪流剖面结构图，绘制步骤如下。

Step 01 依次执行直线、偏移命令，绘制并偏移直线，如图 12-119 所示。

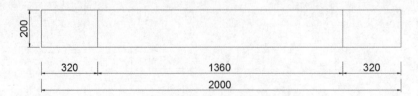

图 12-119 绘制并偏移直线

Step 02 执行圆弧命令，捕捉绘制一条圆弧，如图 12-120 所示。

图 12-120　绘制圆弧

Step 03 执行修剪命令，修剪并删除多余图形，如图 12-121 所示。

图 12-121　修剪并删除图形

Step 04 执行偏移命令，设置偏移尺寸为 300mm，将图形向上偏移，如图 12-122 所示。

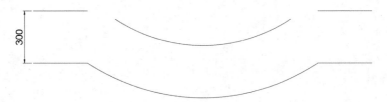

图 12-122　偏移图形

Step 05 执行圆角命令，设置圆角半径为 100mm，对图形进行圆角操作，如图 12-123 所示。

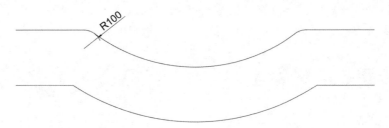

图 12-123　圆角操作

Step 06 执行偏移命令，将图形依次向上偏移 300mm、100mm、150mm、20mm、12mm、20mm、30mm，如图 12-124 所示。

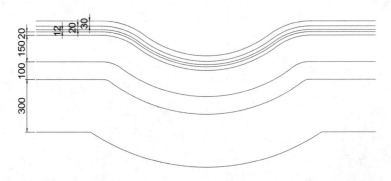

图 12-124　偏移图形

Step 07 执行直线、偏移命令，绘制直线并进行偏移操作，如图 12-125 所示。

Step 08 执行修剪命令，修剪图形，如图 12-126 所示。

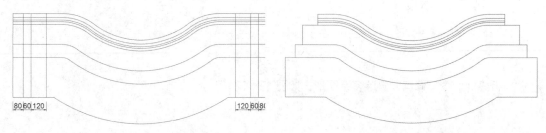

图 12-125　绘制并偏移直线　　　　　　　图 12-126　修剪图形

Step 09 执行偏移命令，将间隔为 12mm 的下边线向上偏移 6mm，如图 12-127 所示。

Step 10 执行多段线命令，捕捉绘制一条直线段和曲线组合的多段线，并设置全局宽度为 12，效果如图 12-128 所示。

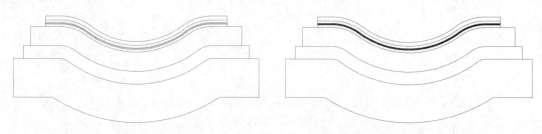

图 12-127　偏移图形　　　　　　　　　图 12-128　绘制多段线

Step 11 依次执行直线、多段线命令，绘制护坡及地基轮廓，如图 12-129 所示。

Step 12 执行多段线命令，绘制不规则形状的大小石块图形，如图 12-130 所示。

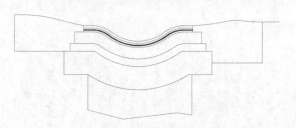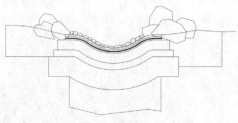

图 12-129　绘制护坡及地基　　　　　　　图 12-130　绘制石块图形

Step 13 执行修剪命令，修剪图形，如图 12-131 所示。

Step 14 执行直线命令，绘制水平面及波纹图形，如图 12-132 所示。

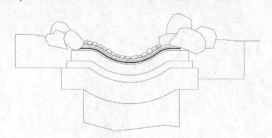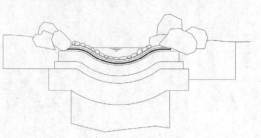

图 12-131　修剪图形　　　　　　　　　图 12-132　绘制水平面

Step 15 执行图案填充命令，选择图案 ANSI38，填充护坡基层区域，如图 12-133 所示。

Step 16 继续执行图案填充命令，选择图案 AR-SAND、AR-CONC、ANSI31，填充溪流底部结构层，如图 12-134 所示。

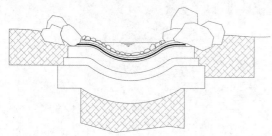
图 12-133 填充基层

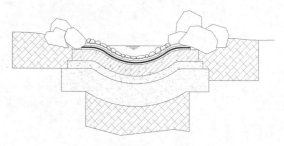
图 12-134 填充结构层

Step 17 删除多余的线条图形，如图 12-135 所示。

Step 18 执行"插入"→"块"命令，插入植物图形并进行复制，调整到合适的位置，如图 12-136 所示。

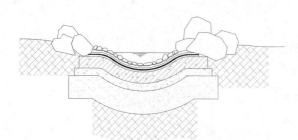
图 12-135 删除多余图形

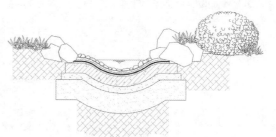
图 12-136 插入图块

Step 19 执行快速引线命令，创建一条引线，如图 12-137 所示。

Step 20 按照固定的间距向上复制引线标注，如图 12-138 所示。

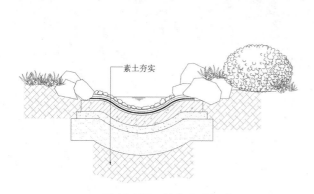
图 12-137 创建引线标注

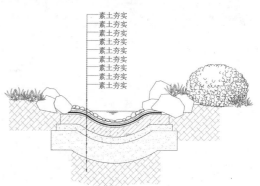
图 12-138 复制引线标注

Step 21 依次修改引线文字内容，如图 12-139 所示。

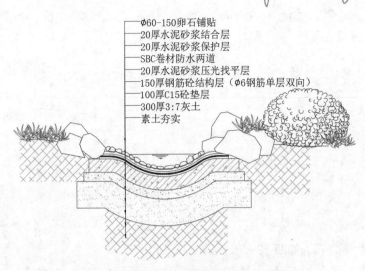

图 12-139　修改引线文字

Step 22 添加图示，完成剖面结构图的绘制，如图 12-140 所示。

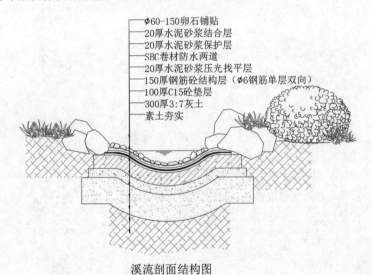

溪流剖面结构图

图 12-140　完成绘制

附录 A

园林景观常用建筑材料

A.1 常用铺地材料

下面统一采用 mm 为单位。

1. 花岗岩（开采的坚硬天然石材）

（1）常用规格为 300×300，400×200，500×250（500），600×300，600×600；可使用的规格为 100×100，200×200，300×200。

原则上花岗岩可以定制或者现场切割成任何规格，但会造成成本的增加和人工的浪费，所以如无特殊铺装设计要求的情况下，不建议使用（做圆弧状铺装除外）。当作为碎拼使用时，一般使用规格为边长 300～500，设计者可以做成自然接缝，或者做成冰裂形式的直边接缝；当作为汀步时，一般使用规格为 600×300、800×400，或者为边长 300～800 的不规则花岗岩，厚度为 50～60，面层下不做基础，直接放置于绿地内。

（2）厚度在一般情况下，人行路为 30 厚，车行路为 40 厚，在车行流量不大及不通行大型车辆的道路上也可使用 30 厚。

（3）常用颜色为浅灰色、深灰色、黄色、红色、绿色、黑色、金锈石。

（4）面层分为机切、自然面、抛光、烧毛、凿毛、荔枝面、机刨、剁斧等。

● 机切是指花岗岩经过机器切割后的面层质感，既不光滑也不粗糙。

● 自然面是指花岗岩经开采后所形成的自然形态，铺装时面层稍微经过加工，去除尖角，其他面为机切面，铺设完成后走在上面有明显的感觉。

● 抛光是指对经过机切后的花岗岩进行机器打磨后的面层质感，表面很光滑，在雨天和雪天会致使行人滑到，所以在设计时，此种花岗岩铺装面积及宽度都不宜过大。

● 烧毛是指对机切面的花岗岩高温处理，形成较规则的凹凸面层，此面层的颜色会比其它几种面层的颜色稍浅；黄色花岗岩经过烧毛处理后颜色会偏红。

● 凿毛是指对机切面的花岗岩开凿处理后形成较不规则的凹凸面层，粗糙程度大于烧毛，常用于黄色花岗岩的毛面处理，也可以对抛光的花岗岩进行凿毛处理。

● 荔枝面是指对机切面的花岗岩处理后形成不规则的凹凸面层，粗糙程度大于凿毛。

● 机刨是指对机切面的花岗岩进行机器的拉槽处理，若对抛光面的花岗岩拉槽处理，可以形成光面和机切面相间的质感。

235

（5）每块花岗岩铺装之间可以设计留缝宽度，一般图纸中不注明留缝宽度时，表示留缝宽度为 3 ～ 5；设计者可以根据铺装效果要求特殊的留缝宽度，常用的宽度为 6，或者密缝（留缝 1，对施工工艺要求较高）。

（6）常用的铺装方式为错缝（分对中及不对中两种），齐缝，席纹，人字形，碎拼；机刨面花岗岩采用不同方向的铺装时，会产生表面纹路的变化。

2. 水泥砖（水泥和染色剂混合预制成）

（1）常用规格为 200×100，400×200，也可以使用 200×00，300×150，300×300。原则上水泥砖可以根据设计要求定制成任何规格。

（2）厚度一般为 60 厚，也有 50 厚。

（3）常用颜色为浅灰色、深灰色、黄色、红色、棕色、咖啡色等。由于水泥砖制作方便，而且染色剂可以调制，所以水泥砖可以定制成任何形状和颜色，但一般需要设计者大量使用定制的特色水泥砖。

（4）面层质感较粗糙，有较细的孔眼。

（5）水泥砖间的留缝宽度一般情况为 5 ～ 10，平常不对水泥砖做留缝宽度要求。

（6）常用的铺装方式为错缝（分对中及不对中两种），齐缝，席纹，人字形（平砌及立砌均可）。

注：由于水泥砖的生产工艺较简单，而且无统一的国家或行业标准，所以不同厂家生产的水泥砖外观质感不相同，设计人员需要考虑铺装中质感的要求，以便在材料封样中进行确认。

3. 透水砖

透水砖又叫荷兰砖，具有较好的透水性，被广泛用于城市道路的改造中。按照原材料不同，可分为混凝土透水砖、陶质透水砖、全瓷透水砖。为了保证利于雨水渗透，透水砖铺装基础不能使用混凝土垫层。

（1）混凝土透水砖常用规格为 200×100，300×150，230×115；陶质透水砖常用规格为 200×100，200×200；全瓷透水砖常用规格为 200×100，200×200，250×250，300×300，原则上透水砖可以根据设计要求定制成任何规格。

（2）常用厚度为 60。

（3）混凝土透水砖常用颜色为浅灰色，中灰色，深灰色，红色，黄色，咖啡色陶质透水砖常用颜色为浅灰色，深灰色，铁红色，沙黄色，浅蓝色，绿色；全瓷透水砖常用颜色为浅灰色，深灰色，红色，黄色，浅蓝色。

（4）混凝土透水砖面层质感较粗糙，有较大的孔眼（与水泥砖相比）陶质透水砖和全瓷透水砖面层细腻，颗粒均匀。

（5）其余内容与水泥砖相同。

4. 石板（开采的较薄脆的天然石材）

（1）常用规格为 200×100，200×200，300×150，300×300，400×200，400×400。由于石板类质地较脆，所以一般情况下不使用大规格，石板定制或者现场切割成任何规格，作为铺地材料时不建议使用 200 以下规格。

当作为碎拼使用时，一般使用规格为边长 300 ～ 500，设计者可以要求做成自然接缝。当作为汀步时，一般使用规格为 600×300，800×400，或者为边长 300 ～ 800 的不规则石板，厚度为

50～60，面层下不做基础，直接放置于绿地内。

（2）厚度在一般情况下，人行路为30厚，车行路为50厚。

（3）常用颜色为青色、黄色、黑色、锈石，红色。常用的颜色与市场中相对应的花岗岩名称为：

青色——青石板，黄色——黄石板，黑色——黑石板，锈石——锈石板，红色——红石板（较少使用）。

（4）面层分为自然面、蘑菇面等。蘑菇面是指石板经过开采形成的自然形状，表面经过稍微加工处理，一般不作为地面铺装材料。

（5）整形石板铺装之间留缝宽度一般为10；碎拼时留缝宽度为10～30，设计者可以根据铺装效果要求特殊的留缝宽度，碎拼时留缝宽度不宜大于50。

（6）常用的铺装方式：整形石板为错缝（分对中及不对中两种），齐缝，席纹，人字形；不规则形状为碎拼。

5．卵石

卵石分为天然卵石和机制卵石，天然卵石是指经过流水长期冲刷形成的卵石，如鹅卵石、雨花石。机制卵石则是把石材碎料通过机器打磨边缘加工形成的卵石，如海峡石、洗米石。卵石的应用比较具有特色，可用于健身步道、水池驳岸、树池、图案铺贴等。

（1）常用规格为 $\phi10～30$，$\phi30～50$，如特殊需要，可以使用大规格卵石，但不宜超过 $\phi200$。

（2）天然河卵石颜色比较杂乱，大部分为灰色系；机制卵石颜色比较单一，一般有黑色、灰色、白色、红色和黄色。

（3）天然河卵石面层质感粗糙；机制卵石面层光滑。

（4）卵石间的留缝宽度一般在20～30，留缝宽度不宜超过卵石本身的粒径。

（5）常用的铺装方式可分为平砌、立砌和散置，并且可以设计图案拼花铺装（单色或者多色）。人对卵石铺装的感觉比较明显，不利于高跟鞋的行走。常常采用卵石立砌的方式设计健身步道（规格为 $\phi30～50$ 的卵石）。

6．雨花石

（1）常用规格同卵石，但一般不使用大规格。

（2）雨花石颜色多样且较为鲜艳。

（3）雨花石面层光滑。

（4）留缝宽度及铺装方式同卵石。

7．木材（不同树木制成的防腐木，常用作木平台、木栈道或者桥的铺装）

（1）由于不同厂家生产的防腐木规格不一样，所以设计者的规格一般为指导性规格。防腐木的长度根据实际铺地中龙骨的间距确定。

（2）一般情况下厚度为50厚，但不同品牌，不同厂家的木材厚度不同，例如美国南方松的厚度一般为38。

（3）常用的防腐木一般为浅绿色，施工前需要用清漆或桐油将木材颜色调成木本色，或其他设计要求的颜色。

（4）木板之间的留缝大小为，宽度95的木板留缝5；宽度140的木板留缝10。

（5）常用的铺装方式为齐缝，错缝（分对中或不对中两种）；也可设计成其他有变化的铺装样式，比如每隔一段距离改变木板的铺设角度。

8. 烧结砖

烧结砖是利用建筑废渣或岩土、页岩等材料高温烧结而成的非黏土砖，在我国已经有两千多年的历史，现在仍是一种很广泛的墙体材料。比较常用的有黏土砖、岩土砖、仿古青砖等。

（1）常用规格为 100×100，200×200，200×100，230×115，原则上烧结砖可以根据设计要求定制成任何规格。

（2）厚度一般为 50 厚，也有的厂家产品为 40～70 厚。

（3）常用的颜色为深灰色、浅咖啡色、深咖啡色、黄色、红色、棕色等。

（4）其余与水泥砖相同。

9. 盲道砖

盲道中含有导向砖和止步砖两种不同功能的砖块。按照原材料不同，分为混凝土盲道砖和花岗岩盲道砖。

（1）常用规格为 200×200，250×250；花岗岩盲道砖可使用 500×500。

（2）厚度为 60 厚。

（3）市政人行道中的盲道常用黄色。

（4）导向砖表面有三条长方形的突出条纹，指引行走的方向；止步砖表面有 16 个突出的圆点。二者都有明显的脚底感觉。

（5）盲道的宽度一般在 400～600，盲道砖必须是齐缝铺设。

（6）其余与水泥砖相同。

10. 道牙

按照原材料不同，分为混凝土道牙和花岗岩道牙。

（1）常用规格为立道牙：500×100（150）×300；平道牙为 500×100×200，500×60×200（此规格适用于小园路）。原则上道牙可以根据设计要求定制成任何规格。

（2）混凝土道牙常用颜色为灰色系；花岗岩道牙常用颜色同花岗岩。

11. 青砖

（1）规格为 240×120×60。

（2）颜色为青色。

（3）其他同水泥砖。

（4）常见于中国古典园林和中式风格的景观环境中。

12. 嵌草砖（预留种植孔的水泥砖）

（1）一般情况下不给出具体尺寸大小，根据市场和各厂家的产品封样确定。

（2）厚度一般为 80。

（3）颜色一般为灰色系，也可定制其他颜色的嵌草砖。

（4）为保证种植孔中的植物（草）成活，嵌草砖不是用水泥砂浆和混凝土垫层。

13. 植草板（聚乙烯结合高抗冲击原料制成）

（1）植草板规格根据种植孔的大小确定；一般情况下不给出具体尺寸大小，根据市场和各厂家的产品封样确定。

（2）厚度一般为 30 ～ 40。

（3）颜色一般为绿色，也可定制其他颜色的植草板。

（4）为保证种植孔中的植物（草）成活，植草板不是用水泥砂浆和混凝土垫层。

14. 压花艺术地坪

压花艺术地坪是具有较强艺术性和特殊装饰要求的地面材料，通过对混凝土进行铺装形式、颜色和面层质感的处理的地面铺装形式。是一种即时可用的含特殊矿物骨料、无机颜料及添加剂的高强度耐磨地坪材料。

（1）厂家通过 4 ～ 8 厚的彩色路面艺术面层对刚铺设（未凝固）的混凝土地面，按照设计者的设计图案和颜色进行处理。

（2）颜色和铺装形式多样，根据不同的厂家有所不同

（3）艺术地坪一般都有厂家负责施工。

（4）常见于园路，或者极不规则的场地，或者图案和颜色要求比较多样的场地，或者中心广场等。

15. 生态透水石类

由于各个生产厂家的具体名称不同，所以此类产品无统一称呼。

（1）由碎石或卵石或其他颗粒状物质与着色剂和高强黏结剂混合制成。此类产品有助于加速雨水渗透，补充城市地下水位，减少城市"热岛效应"。

（2）一般为现场浇筑，颜色和图案多样。

16. 安全胶垫

（1）厚度一般为 25 厚，分为现浇和成品铺设两种施工方式。

（2）颜色多样，若为现浇，可铺设成色彩、图案丰富的场地。

（3）常用于儿童游戏区、老人活动区和健身器械摆放区。

17. 玻璃（钢化玻璃）

（1）厚度一般为 10 ～ 20，根据玻璃的大小确定。

（2）颜色及图案可以根据设计确定，但一般情况下使用玻璃本色。

（3）玻璃不适用于大面积铺装，起局部点缀作用。

18. 混凝土

混凝土也许缺少自然石材的情调，也不如时下流行的栈木铺装那样时髦，但它却有着造价低廉、铺设简单、可塑性强、耐久性的特点。

（1）一般在现场预制混凝土。规格不确定，适用于压边、分割带。

（2）如果用于大面积铺装路面或车行路，则现场浇筑，混凝土标号大于 C25。

（3）预制混凝土块表面可以打磨、拉槽，形成不同的质感。

A.2 常用的构筑物饰面材料

构筑物包含：座凳（椅）、景墙（挡土墙）、亭、廊架、桥、水池、门房、通风口、冷却塔、地下车库出入口等。下文统一采用 mm 为单位。

1. 花岗岩

（1）一般贴面为 20 厚；干挂为 30～50 厚。

（2）座凳（椅）、景墙、水池池壁的压顶厚度为 30～60，也可根据需要设计特殊造型而确定厚度。

（3）湿贴及干挂都不方便固定时，也可使用石材专用胶黏结。

（4）其他同地面铺装所用花岗岩。

2. 水泥砖

（1）同地面铺装所用水泥砖。

（2）可用水泥砖直接砌筑座凳（椅）、景墙（挡土墙）等，外面不做什么处理。

3. 石板

（1）厚度为 20，规格一般不大 400×400。

（2）也可使用石板干砌。

（3）贴面材料可以使用条形板岩。

（4）其他同地面铺装所用石板。

4. 卵石、雨花石和水洗石

（1）在构筑物上使用卵石或雨花石时，一般会设计造型图案。

（2）其他同地面铺装所用石板。

5. 烧结砖

烧结砖的施工工艺与水泥砖相同。

6. 青砖

青砖的施工工艺与水泥砖相同。

7. 木材

饰面木材厚度为 20～50。

8. 玻璃

（1）玻璃饰面需要设立钢结构龙骨，通过玻璃连接件（玻璃爪）或者玻璃胶固定。

（2）使用玻璃饰面需要考虑安全因素，使用钢化玻璃。

（3）玻璃饰面可形成透明、磨砂、喷砂等质感。设计者根据整体饰面风格选择对玻璃表面的处理方式。

9. 建筑面砖

一般作为建筑外墙的装饰材料，园林可以对景墙、亭（廊）柱等饰面采用建筑相同的材料，保持整个风格或颜色的统一。

附录 B

认识 SketchUp

SketchUp 也就是我们常说的"草图大师"，它是一款令人惊奇的设计工具，它能够给建筑设计师带来边构思边表现的体验，而且产品打破建筑师设计思想表现的束缚，快速形成建筑草图，创作建筑方案。因此，有人称它为建筑创作上的一大革命。

对于 SketchUp 的运用，通常我们会结合 AutoCAD、3ds max、VRay 或者 LUMIOM 等软件或插件制作建筑方案、景观方案、室内方案等。SketchUp 之所以能够快速、全面地被室内设计、建筑设计、园林景观、城市规划等诸多设计领域设计者接受并推崇，主要有以下几种区别于其他三维软件的特点。

（1）直观的显示效果。

在使用 SketchUp 进行设计创作时，可以实现"所见即所得"，在设计过程中的任何阶段都可以作为直观的三维成品来观察，并且能够快速切换不同的显示风格。摆脱了传统绘图方法的繁重与枯燥，还可以与客户进行更为直接、有效的交流。

（2）建模高效快捷。

SketchUp 提供三维的坐标轴，这一点和 3ds max 的坐标轴相似，但是 SketchUp 有个特殊功能，就是在绘制草图时，只要稍微留意一下跟踪线的颜色，即可准确定位图形的坐标。SketchUp "画线成面，推拉成体"的操作方法极为便捷，在软件中不需要频繁地切换视图，有了智能绘图工具（如平行、垂直、量角器等），可以直接在三维界面中轻松地绘制出二维图形，然后直接推拉成三维立体模型。

（3）材质和贴图使用便捷。

SketchUp 拥有自己的材质库，用户也可以根据自己的需要赋予模型各种材质和贴图，并且能够实时显示出来，从而直观地看到效果。同时，SketchUp 还可以直接用 Google Map 的全景照片来进行模型贴图，这样对制作类似于"数字城市"的项目来讲，是一种提高效率的方法。材质确定后，可以方便地修改色调，并能够直观的显示修改结果，以避免反复的试验过程。

（4）全面的软件支持与互转。

SketchUp 虽俗称"草图大师"，但其功能不仅局限于方案设计的草图阶段。它不但能在模型的建立上满足建筑制图高精确度的要求，还能完美结合 VRay、Piranesi、Artlantis 等渲染器实现多种风格的表现效果。此外，SketchUp 与 AutoCAD、3ds max、Revit 等常用设计软件可以进行十分快捷的文件转换互用，且满足多个设计领域的需求。

B.1　Sketchup 工作界面

SketchUp 以简易明快的操作风格在三维设计软件中占有一席之地，其界面非常简洁，初学者很容易上手。当软件正确安装后，启动 SketchUp 应用程序，首先出现的是 SketchUp 2015 的启动界面的"学习"，如图 B.1 所示。

SketchUp 中有很多模板可以选择，如图 B.2 所示。使用者可以根据自己的需求选择相对应的模板进行设计建模。选择好合适的模板后，单击"开始使用 SketchUp"图形按钮，即可进入 SketchUp 2015 的工作界面。

SketchUp 2015 的设计宗旨是简单易用，其默认的工

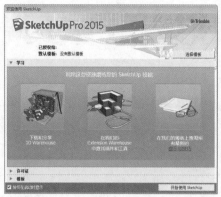

图 B.1　SketchUp 2015 启动界面

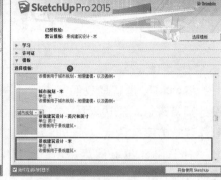

图 B.2　SketchUp 2015 选择模板界面

作界面也是十分简洁，界面主要由标题栏、菜单栏、工具栏、状态栏、数值控制栏以及中间的绘图区构成，如图 B.3 所示。

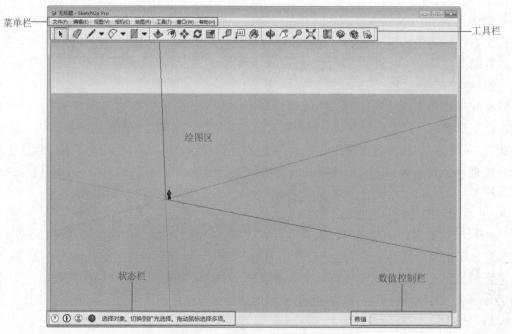

图 B.3　SketchUp 2015 绘图界面

1. 标题栏

标题栏位于绘图窗口的顶部，其右端包含三个常见的控制按钮，即最小化、最大化、关闭按钮。用户启动 SketchUp 并且标题栏中当前打开的文件名为"无标题"时，系统将显示空白的绘图区，表示用户尚未保存自己的作业。

2. 菜单栏

　　菜单栏显示在标题栏下方，提供了大部分的 SketchUp 工具、命令和设置，由"文件""编辑""视图""相机""绘图""工具""窗口""帮助" 8 个菜单构成，每个主菜单都可以打开相应的子菜单及次级子菜单。

3. 工具栏

　　工具栏是浮动窗口，用户可随意摆放。默认状态下的 SketchUp 仅有横向工具栏，主要包括"绘图""测量""编辑"等工具组按钮。另外，通过执行"视图→工具栏"命令，在打开的"工具栏"对话框中也可以调出或者关闭某个工具栏。

4. 状态栏

　　状态栏位于绘图窗口的下面，左端是命令提示和 SketchUp 的状态信息，用于显示当前操作的状态，也会对命令进行描述和操作提示。其中包含了地理位置定位、归属、登录以及显示/隐藏工具向导 4 个按钮。

　　状态栏的信息会随着鼠标的移动、操作工具的更换及操作步骤的改变而改变，总的来说是对命令的描述，提供操作工具名称和操作方法。当操作者在绘图区进行任意操作时，状态栏就会出现相应的文字提示，根据这些提示，操作者可以更加准确地完成操作。

5. 数值控制栏

　　数值控制栏位于状态栏右侧，用于在用户绘制内容时显示尺寸信息。用户也可以在数值控制栏中输入数值，以操纵当前选中的视图。

6. 绘图区

　　绘图区占据了 SketchUp 工作界面的大部分空间，与 Maya、3ds max 等大型三维软件的平面、立面、剖面及透视多视口显示方式不同，SketchUp 为了界面的简洁，仅设置了单视口，通过对应的工具按钮或快捷键快速地进行各个视图的切换，有效节省了系统显示的空间。

B.2　SketchUp 效果赏析

　　基于 SketchUp 的种种优点，可以看出它在风景园林中的应用前景也十分被看好。通过 SketchUp 组件库中提供的植物库，结合方案设计中的模型体量，设计者可以轻松实现园林景观的快速表现。下面就来欣赏一组 SketchUp 制作的景观园林效果，如图 B.4、图 B.5、图 B.6、图 B.7 所示。

图 B.4　城市园林景观效果 1

图 B.5　城市园林景观效果 2

图 B.6　城市园林景观效果 3

图 B.7　亭序效果